生态养殖新技术

邱会政　刘晓杰　吴永儒◎著

西北农林科技大学出版社
·杨凌·

图书在版编目（CIP）数据

生态养殖新技术 / 邱会政，刘晓杰，吴永儒著 . --
杨凌：西北农林科技大学出版社，2022.6
ISBN 978-7-5683-1106-9

Ⅰ . ①生… Ⅱ . ①邱… ②刘… ③吴… Ⅲ . ①生态养
殖—研究 Ⅳ . ① S964.1

中国版本图书馆 CIP 数据核字 (2022) 第 097751 号

生态养殖新技术

邱会政　　刘晓杰　　吴永儒　　著

出版发行	西北农林科技大学出版社	
地　　址	陕西杨凌杨武路 3 号	**邮　编**：712100
电　　话	总编室：029-87093195	**发行部**：029-87093302
电子邮箱	press0809@163.com	
印　　刷	天津雅泽印刷有限公司	
版　　次	2023 年 2 月第 1 版	
印　　次	2023 年 2 月第 1 次	
开　　本	787 mm×1092 mm　　1/16	
印　　张	11	
字　　数	192 千字	

ISBN 978-7-5683-1106-9

定价：60.00 元

本书如有印装质量问题，请与本社联系

前　言

  如今，随着科技水平的提高，畜禽养殖产业得到了不同程度的发展，但是，目前中小型规模养殖方式仍然占据了较大的市场份额，并且在很长一段时间内与规模化畜禽养殖模式并存。由于中小型畜禽养殖的整体规模较小，对于基础设施和设备的投入较低，产出的畜禽产品质量参差不齐，这不利于畜禽产业的长期健康发展。一些规模较大的养殖场在发展过程中也存在着一些问题，例如畜禽养殖密度过大，没有规划好养殖场面积与畜禽的互动场所，没有分类管理等。除此之外，还有许多养殖场没有建造污染物处理设施，大型养殖场中饲养的动物较多，每天产生的畜禽粪便数量极多，若不经过处理就直接排放，会对周围的生态环境造成严重的破坏。

  在这里我们探讨生态养殖技术，就是研究如何科学地把种植业、养殖业、水产业、加工业结合起来，达到一次投入、多次产出的目标。采用生态养殖技术能够加快畜禽养殖模式的更新换代，通过调整畜禽养殖的整体结构来让养殖产业健康发展。

  由于时间仓促，本书在编写过程中难免存在许多疏漏之处，敬请各位读者指正！

编　者

2022 年 10 月

目　录

第一章 河蟹生态养殖技术

第一节 河蟹生态养殖

随着人们对产品质量和生态环境的日益重视，水产养殖走向环境友好型、资源节约型将成为必然。然而，由于工业化与城镇现代化的发展所带来的水环境压力日益增长，伴随着生产者对高产高效养殖的片面追求，养殖耗费的水资源增多，加之因外源投入品加大，鱼蟹类疾病频繁发生，不仅影响了水产品的质量，更难以保证水产养殖的可持续发展。

从生态学观点分析，通过人为调控养殖水体中各生物配比，为生物营造合适的生存条件，使各种生物之间相互适应并适应环境，达到各种生物互惠互存，协同共生，同时水体中物质流和能量流顺畅疏通，水生生态系统即能达到良性平衡。

一、河蟹生态养殖的必要性

实践证明，发展水产业不仅有利于改善人们的食物结构、提高健康水平，而且有利于调整农村产业结构；合理开发利用国土水域资源，有利于促进与水产业相关的产业发展。但是，由于水产养殖自身的生态结构和养殖方式的缺陷，部分养殖存在着许多环境问题，这些问题越来越受到人们的关注。国内外许多学者针对淡水养殖对水环境可能产生的影响进行了研究，归纳起来影响主要有以下几个方面：氮、磷等营养物的释放，造成局部水富营养化；各类化学药品和抗生素的使用污染了水域环境；一些生物栖息地遭到破坏，干扰了野生种群的繁衍和生存，使生物多样性遭到破坏。

河蟹在我国渤海、黄海及东海沿岸诸省均有分布，以长江口的崇明岛至湖北省东部的长江流域及江苏、安徽、浙江和辽宁等地区为主产区。河蟹营养丰富，风味独特，备受市场青睐，是我国水产养殖的重要对象。自从我国推广河蟹人工养殖后，河蟹产量猛增，已经成为全球主要经济蟹类之一。

随着河蟹养殖面积、生产规模不断扩大，养殖产量的急剧增加和集约化程度的不断提高，许多潜在的技术与管理问题逐渐暴露出来。一是盲目追求养殖效益，过多外部投入造成养殖水体内污染物恶性循环；二是养殖环境恶化，病害日趋严重，药物滥用，严重影响河蟹的品质；三是水质污染严重，限制养殖业的整体发展。由于养殖密度高、投饵量大，河蟹进食后留下的残饵以及排泄物量大，长期养殖生产对水体质量影响很大。个别地方只考虑短期的利益而盲目发展，严重超过养殖容量，造成大面积水域污染，已严重影响到当地居民生活与生产用水。

　　河蟹因其具有独特的风味、营养和经济价值而越来越受到广大水产养殖者的青睐。其养殖规模逐渐扩大，2019 年全国河蟹养殖面积约 1 000 万公顷，河蟹产量约 77.87 万吨，产值超过 800 亿。随着水产养殖的发展，养殖水域的富营养化日趋严重，导致水质恶化，由养殖本身引发的环境问题逐渐突显。发展水产养殖，是否就一定污染环境，关于此问题一直存在争议。据陈家长等 2012 年报道，传统河蟹池塘养殖模式会引起周围水环境氮、磷含量上升。吴伟等 2013 年的研究指出，合理的池塘生态养殖模式可以保证其对环境无影响。尽管各地湖泊围网养殖河蟹面积在压缩减少，但缩减河蟹养殖面积的湖泊水质未见好转；通过池塘养殖生产发现，采用生态养殖方式的池塘水质优于采用传统养殖方式的池塘水质。面对水体不断出现的养殖水体富营养化问题，国内的河蟹相关科研人员开展了各种生物净化研究。其中大多通过将养殖废水排放流至种植了大量水草的"人工湿地"，利用水生植物吸收营养元素，达到净化水质的效果。除了种植水生植物外，种植水生经济蔬菜等同样能达到吸收营养元素的效果，同时还能产生更高的经济价值。我们应该通过多种养殖方式和种植模式整合水体资源，使河蟹养殖真正成为和谐可持续发展生态渔业。

二、河蟹生态养殖的基本原理

（一）河蟹生态养殖基本原理

　　养蟹水域的生态系统由消费者（蟹、鱼、虾等）、分解者（微生物）、生产者（水生植物）三个部分组成。河蟹生态养殖的基本原理就是保持养殖水体中消费者、分解者和生产者之间的能量流转和物质循环渠道畅通。

　　河蟹的生态养殖就是模仿天然水域中河蟹与环境的依存状态，应用生态学管理原则协调水体生态系统中的各种水化学因子与生物因子的关系，即通过调控河蟹与生物、非生物环境之间的关系，从而生产出优质河蟹的养殖方式。

传统养蟹水域的生态系统中消费者过大，而分解者、生产者过小，进而产生物质循环的瓶颈，致使大量有机物退出物质循环，沉积在水底，形成淤泥。这些淤泥有机物多、氧债高，亚硝态氮和氨氮大量积累，有害细菌大量滋生，河蟹无法正常生长。

河蟹生态养殖就是改善养蟹水域的生态环境，大量种植水生植物如水草等，让其吸收有害物质，增加水体溶氧。促进有益微生物大量生长繁殖，改善水质，将污染源分解、降解成营养素，形成良性循环的水生态系统，从而达到促进河蟹健康生长，提高河蟹品质的目的。

（二）河蟹养殖对水体系统影响

1. 河蟹养殖对水体负面影响

许多学者从生态学观点出发，把河蟹养殖系统作为生态系统来研究，强调利用河蟹养殖生态系统内生物与环境因素之间，以及生物与生物之间的物质循环和能量转换关系，加以有目的的人工调控，建立新的生态平衡，使自然资源得到有效利用。充分发挥河蟹养殖生态效益和经济效益，使淡水养殖系统成为具有良好生态和经济效益的综合体。学者们就养殖户片面追求高产，采用高密度养殖，过量饵料的养殖模式投放，对水环境产生的影响进行了研究，得出的主要结果有以下几个方面。

①河蟹养殖对水质的主要影响是增加了水体悬浮物和营养盐，导致了溶解氧减少。由于投饵、河蟹的呼吸作用和排泄废物中有机物的分解，在一定程度上增加了水体营养物的总浓度，导致水体的富营养化。

②由于未被消耗的部分饵料和河蟹排泄物沉积到水体底层，底泥中有机物增加，导致底层理化指标发生改变。主要表现在沉积残饵使底泥沉积物的有机质增加最显著，同时底泥中硫化物、总氮、总磷、化学需氧量、无机氮和无机磷明显偏高。

③由于投喂饵料后水体中营养物质逐渐增多，浮游植物开始大量繁殖，随着养殖时间的延长和规模不断扩大，水体中营养物质富集，水质恶化，光照下降，浮游植物数量减少。

2. 河蟹养殖对水体正面影响

在河蟹养殖实践中，也有养殖水体水质明显好于周边水源的情况出现。从理论和实际看，综合应用各种物理与生物修复技术，是可以实现养殖、环境、效益和谐统一的。有报道指出，只要河蟹的放养密度适宜，投饵科学，其对环境基本无影响，甚至还可净化一部分水质。多年的养殖实践经验表明，通过合理的养殖和生态调控，实现河蟹养殖用水低排放是可行的。因此，并非河蟹养殖有氮、磷排放就认为河蟹养殖需要限制，而是应当大力提倡河蟹开展生态养殖。采取立体种养、多种途径整合资源，构建和谐生态位，对养殖用水进行合理利用，才是河蟹养殖最终的出路。

三、河蟹生态养殖意义和重要性

现行的河蟹水产养殖技术多建立在常规鱼蟹类养殖模式下，单纯从养殖产量和经济效益出发，忽视养殖对生态的影响，非但达不到所追求的高产高效目的，反而导致了自身养殖环境的恶化，进一步造成河蟹病害频发，产量下降。可以说，河蟹常规养殖模式遇到了发展瓶颈。

池塘养殖生态系统本身是一种结构简单、生态缓冲能力脆弱的人工生态系统。只有优化养殖水域生态结构，将具有互补、互利作用的养殖系统合理组合配置，减小或消除水产养殖对水环境造成的负面影响，提高整个水体的养殖容量，达到结构稳定、功能高效的养殖环境，才能减少河蟹病害的发生，减少抗生素及其他化学药物的应用，才能生产出绿色、安全的河蟹水产品。因此，要主动调整发展思路，以低消耗、低投入、低污染为发展目标，才能突破现有瓶颈。

现代社会越来越关注生态环境与河蟹健康养殖的和谐关系，提倡从能量和物质流的平衡角度出发，充分利用蟹、螺、草之间的互利互补关系，使养殖系统内部废弃物循环再利用，最大限度地减少养殖过程中废弃物的产生。最终达到既满足人类社会合理要求，又增强水体自净能力的目标，维持周围水环境生态系统的平衡与更新。生态养殖包括养殖设施、苗种培育、放养密度、水质处理、饵料质量、药物使用、养殖管理等诸多方面。生态养殖要求采用合理的、科学的、先进的养殖手段，获得质量好、产量高、无污染的产品，并且不对环境造成污染，创造经济、社会、生态的综合效益。可持续的健康养殖要求健康苗种培育、放养密度合理，投入和产量水平适中，通过养殖系统内部废弃物的循环再利用，达到对各种资源的最佳利用，最大限度地减少养殖过程中废弃物的产生，在取得理想的养殖效果和经济效益的同时，达到最佳的环境生态效益。

第二节 河蟹养殖生态系统

一、河蟹池塘生态系统

河蟹养殖环境多种多样，包括池塘、湖泊、围网、稻田等，以下仅以河蟹池塘生态系统为例来进行介绍。

河蟹池塘在自然状态下，是一个封闭的生态系统，其中包括溶氧、生物、河蟹三个子动态系统。这三个子动态系统又构成一个动态平衡的大系统。池塘中的浮游植物和高等植物吸收营养盐和二氧化碳，利用太阳能制造有机物。浮游植物被浮游动物和鲢鱼等鱼类所摄食；浮游生物被鳙鱼所摄食、底栖生物被河蟹等所摄食；水生植物被草鱼等鱼类所摄食；死亡的生物、植物、鱼类的代谢产物及残渣，被微生物分解为无机盐，成为浮游植物的养分。如此循环不已，共同构成一个动态平衡的池塘生态系统。

河蟹养殖池塘生态系统是为实现经济目的而建立起来的半封闭式人工生态系统，河蟹的生产过程沿着三个能量流转进行。第一，人工饵料和少量有机肥料为河蟹和饵料生物直接摄食；第二，有机肥料和人工饵料残余及养殖生物粪便转化为腐屑再被生物利用；第三，肥料、人工饵料残余以及养殖生物粪便分解后产生营养盐类和为自养生物所利用。养殖池塘普遍面积较小、水体较浅、营养结构简单、食物链较短，由于天气或气候的变化和人工调控措施能在短时间内大幅度改变池塘生态系统中的一些水化学指标，以及细菌、浮游生物、原生动物的生物量和种类组成，使其生态结构能发生很大变化。

（一）生态系统重要指标

初级生产力是自养生物在单位时间、单位空间内合成有机质的量。它是水体生物生产力的基础，是食物链的第一环节，是反映水体渔业生产潜力的基本参数。它不仅决定池塘的溶氧状况，还直接或间接地影响其他生物和化学过程。

所有消费型生物的摄食、同化、生长和生殖过程，构成次级生产力，它表现为动物和异养微生物的生长、繁殖和营养物质的贮存。在单位时间内由于生物和异养微生物的生长和繁殖而增加的生物量或所贮存的能量即为次级产量。在水体生物生产过程中，具有重大意义的次级产量是异养细菌、浮游动物、底栖生物和养殖鱼虾类。

（二）河蟹池塘生态系统能量流转

河蟹养殖池塘生态系统的变化是自然演化和人为干预的共同结果，具有以下一些特点：生态系统较为简单，物质循环受阻不畅通，养殖生物生长所需能量由人工投饵提供，基本不来自养殖池塘内的浮游植物固定太阳能；池塘食物链简单，一般只有两条，太阳能—光能自养生物—养殖动物，投喂饵料—养殖动物；养殖池塘的自净能力差，易受污染；生态系统结构简单脆弱，养殖者对池塘生态平衡的调节起着重要作用。

氮、磷不仅是生物体必需的两大营养元素，也是养殖水体内较常见的两种限制初级生产力的营养元素，同时作为水产养殖自身污染的重要指标，是池塘养殖水体环境的重要影响因素。河蟹养殖中为了高产、高效，往往投入大量富含氮、磷营养物质的饵料和肥料，导致水体氮、磷含量远超出浮游植物生长的需求，引起水体富营养化、病害猖獗、养殖效益下降等一系列问题。人工饵料和有机肥料在氮、磷的输入上占据重要的比例，分别可以达到氮、磷总输入的90%以上。

进入河蟹池塘的氮、磷营养盐除少部分被池塘中的生物所同化，大部分是以微生物降解氮，以及氨挥发、底泥氮和磷沉积、换排水和渗漏等途径输出。底泥沉积是河蟹池塘养殖系统中氮、磷输出的主要形式，其输出量在总输出量中的比例占到了50%以上，其次是收获后的养殖生物，也可以占到20%左右。

（三）河蟹池塘生态系统的物质循环

1. 河蟹池塘养殖物质输入

河蟹池塘养殖的物质输入过程主要包括以下方面：①进水。养殖池塘在使用之前大都会重新进水，而且在养殖过程中为了改善水质也要根据季节和气候变化进行换水，在水中溶解的各种物质就会随着水流进入到养殖池塘生态环境中，其中有部分物质会严重地影响养殖池塘的水质；②投入养殖动物；③养殖动物的饲料及养殖过程中的施肥。人工施用的养殖动物饵料为养殖动物提供了生长发育的能量，施肥则能够很好地培养养殖池塘中的各种饵料生物，这些饵料生物对于养殖动物的生长、发育起着重要的作用；④自然降水；⑤生物固碳及固氮。在养殖池塘中有大量藻类浮游植物和挺水水生植物。它们通过光合作用固定水和空气中的二氧化碳而形成有机碳。在养殖池塘中还存在着一些固氮微生物，微生物能够将氮气转化为有机态氮素，这些有机碳和有机氮素会通过食物链进入到养殖动物体内，也有部分在养殖池塘中沉积，形成污染物。

2. 河蟹池塘养殖物质输出

河蟹池塘养殖的物质输出过程主要包括以下方面：第一，换水。在养殖过程中如果养殖池塘中的污染物过多，水质变坏，严重影响了养殖动物的生长，可以将这些含有过多污染物的水换出，用一些水质较好的水取代，同时起到增氧的作用，能够改善养殖池塘的水质；第二，收获养殖动物。河蟹和搭配鱼类的捕捞也可以视作河蟹池塘的物质输出；第三，生物脱氮作用及生物的呼吸作用。微生物能够在厌氧条件下将水体中的氮素还原为氮气，从而能够使得氮素从养殖池塘中离开。但在养殖池塘生态环境中为了保持水体中具有较高的溶解氧供给养殖动物呼吸，通常在养殖过程中要对养殖池塘的水体进行充氧。养殖池塘中的动植物通过呼吸作用将碳素氧化为二氧化碳，气态的二氧化碳能够排出养殖池塘的生态环境。

总之，当养殖池塘中输入的物质大于养殖池塘输出的物质时，多余物质就会在养殖池塘中积累，当积累的物质超过养殖池塘的净化能力时就会污染养殖池塘的生态环境。

二、河蟹养殖生态系统主要环境因子与管理

（一）河蟹池塘生态系统环境污染因子

1. 主要环境污染因子

河蟹池塘养殖生态系统中主要存在的环境污染因子有：固体颗粒（残余饵料和粪便）、溶解态代谢废物（比如有机酸）、氮、磷等营养盐发生变化并产生氨氮、亚硝酸盐、硫化氧等有毒有害物质、抗微生物制剂和药物残留，以及水体中有机物（尤其是藻类）的累积。

养好水产品主要靠水。水源不好和水源不足会导致水产品养不好，河蟹对水质要求则更高。近些年工业三废和农药等污染越来越严重，我国养蟹多的大江大河及流域均受到不同程度的污染，农药、渔药、蓝藻水华和养殖不科学等造成的局部污染更是严重。这些污染物对河蟹有不同程度的毒性。

2. 各类因子

河蟹养殖池塘底部生态环境中积累有大量有机物质、无机物、过量氮磷等污染物，这给养殖池塘生态环境造成严重的影响。首先，这些污染物由于长期处于水体下层，大多数情况下处于厌氧的环境中，在土著微生物的作用下有机污染物会产生氨氮和硫化氢等有害物质；其次，富集在底泥里的这些污染物，在一定条件下又会重新释放出来，污染水体，成为水体污染最重要的内源。

（1）氨

高浓度的有机污染物能够被养殖池塘生态环境中的土著微生物氨化、硝化，最终产生对养殖动物有害的氨态氮、亚硝态氮等有害物质。河蟹是排氨类生物，即氮素在其体内代谢的最终产物是铵态氮，并排出体外。因此，河蟹养殖必然增加水体中铵态氮的含量。当水体环境中的氨增多时，河蟹体中氨的排出量减少，其血液和组织中氨的浓度升高。这时河蟹可能减少或者停止摄食以减少代谢氨的产生，河蟹生产率因此降低。此外，氨还可引起河蟹血液等组织的病理变化。

（2）亚硝酸盐

亚硝酸盐对河蟹具有很强的毒性，能把血红蛋白中的二价铁氧化为三价铁，使得血红蛋白失去运输氧能力。亚硝酸盐还能够氧化其他重要的化合物，严重影响其河蟹的生长和发育。过量的硝态氮对河蟹也具有毒性，硝态氮主要是通过渗透作用和对氧的运输来影响河蟹的生长。

（3）硫化氢

在养殖池塘底部生态环境的沉积物中，很容易形成厌氧的环境。一方面是因为有水在其上密封，而氧又不易溶于水；另一方面是因为养殖动物的生长和微生物分解有机物消耗了溶解于水中的氧气。在厌氧的生态环境中，微生物能够将沉积的含硫有机物分解为对养殖动物有害的硫化氢等物质。硫化氢对河蟹的毒性非常强，其主要的作用机制就是与河蟹血液中的血红蛋白化合，使血红蛋白失去携氧能力，造成河蟹缺氧而死亡。

（4）pH

养殖水体pH是影响养殖种类摄食、生长的重要因子之一，稳定的pH是保证稳产、高产的重要手段。原位修复中，植物生物量越多，池塘水体pH也越高，水体pH与植物生物量具有极显著的正相关性。这是因为水生植物光合作用吸收水体中二氧化碳，打破了水体中碳酸盐的平衡，从而引起pH的增大。而在强化净化池塘中虽然植物生物量很大，但水体pH只有小幅度的波动且比较稳定。这主要是由于密集的水生植物漂浮在水面会阻挡阳光向水下透射，减弱水面下方水生植物和浮游藻类的光合作用，从而抑制水体pH升高。

（二）河蟹养殖外源污染

抗生素等化学药物残留和污染。在水产养殖中常使用的化学药物有相当一部分直接散失到水体中，对水体生态环境造成短期或长期的积累性影响，而药物的不规范施用及残留，在杀灭病虫害的同时，也会抑制、杀伤及致伤水中的浮游生物有益菌等，造成微生态失去平衡。一些低浓度或性质稳定的药物残留，可能会在一些水生生物体内产生累积并通过食物链放大，对整个水体生态系统乃至人体造成危害。特别是一些残留期长的广谱性抗生素的过量使用，对微生物生态和环境的影响更大。

养殖体系外源性饲料、过量施肥导致水体富营养化。人工饲料富含大量的无机氮磷，进入到水体中溶解，使水体中的藻类大量繁殖，产生大量的对水生生物有害的毒素，毒素在水生生物体内积累，达到一定程度时便可以使水生生物死亡。水体生化需氧量大大增加，水体中溶解氧降低，能够使水生生物因缺氧而死亡，给水产养殖业带来巨大的损失。

（三）河蟹养殖内源污染

内源污染又称自污染，污染物主要包括未被利用的饵料、养殖体排泄物和残骸等营养物。河蟹养殖大多都是投喂外源性食物，大量残饵和养殖体的排泄物和养殖生物的死亡残骸等所含的氮、磷，以及悬浮物和耗氧有机物等是内源污染的主要污染物，并且这些营养物可能成为水体富营养化的污染源。如果养殖水域与外界不能很好地实现水体交换，则容易产生积累性污染，从而形成底泥富集污染的恶性循环。

河蟹养殖池塘的内源性污染是为了获得高产量、高效益而产生的污染，是伴随着养殖动物的生长而在养殖池塘中积累的污染。造成河蟹养殖自身污染的因素主要可分为营养性污染、外源投入品污染、底层富集污染。

1. 营养性污染

大量残饵、养殖河蟹粪便等排泄物和生物残骸所含的营养物质氮、磷以及悬浮物和耗氧有机物等是主要污染物，且这些营养物可能成为水体营养化的污染源，从而导致养殖水体的自净能力严重下降。河蟹养殖产生的污染负荷与饵料质量、饲料配方、饲料生产技术和投喂方式有关。固体废弃物颗粒可对养殖生物及水质产生潜在影响，主要包括：直接损害河蟹呼吸器官；堵塞废水处理滤器的机械；矿化作用产生氨及其他有害产物；分解过程中消耗大量氧气。

2. 外源投入品污染

为了防治养殖河蟹疾病频发，养殖中经常施用一些药物。养殖中经常使用的有杀菌剂、杀寄生虫剂、杀真菌剂、杀藻剂、除草剂等；还包括为提高机体免疫能力而使用的疫苗，以及消毒、改良水质、改善底质及增加生产力的化合物等。由于药物种类多样化、剂量增大化，药物毒性越来越强，最终导致养殖水域药物残留严重，影响或减弱养殖水体自然降解净化能力。

3. 底层富集污染

河蟹池塘底层在养殖生态系统中扮演着污染物源的角色。研究表明，水产养殖底泥中碳、氮和磷等含量明显高于周围非养殖水体中底泥中含量，而且经常有残饵富集，例如河蟹的残饵、粪便沉积在池底形成有机污染物，深度可达 30 ～ 40 cm，并随池龄而增加。在常年养殖且未清淤的池塘中，残饵、粪便、死亡动植物尸体以及药物等有害物质在底泥中富集更为严重。底泥中的微生物残余反硝化和反硫化反应，产生氨气和硫化氢等物质，恶化养殖环境。另外，在适当条件下底泥会释放氮、磷等到周围水体中，促进藻类生长，引起水体的富营养化。

（四）生态污染与河蟹疾病的关系

河蟹的疾病也是养殖池塘生态环境污染所造成的一个非常严重的后果。常规养殖池塘的养殖密度大，水质污染比较严重，因此，在常规养殖方式下河蟹疾病发生的特点主要表现在以下三个方面：第一，养殖密度较大，在养殖管理等过程中极易使河蟹受伤，以致疾病较易滋生，且河蟹群体中疾病一旦发生，便会以极快的速度传染和蔓延，严重时常引起大量死亡而导致重大损失；第二，常规养殖的投饵量很大，饲料残留，有机物积累较多，这就容易引起养殖水体的污染与水质变坏，给病原体的滋生与繁殖创造条件，当病原体的数量与毒力达到一定程度时，就会引起流行病害发生；第三，长期在常规养殖模式下，如果没有合理清塘和消毒，随着养殖时间的增长，在养殖池塘生态环境中积累的有机污染物会大大增加暴发疾病的风险。

一般认为，河蟹养殖池塘生态环境中高浓度的有机污染物，为水体中的土著微生物提供了良好的食物，使水体中的微生物大量繁殖。研究证实，养殖池塘总细菌数与养殖水质有正相关性；高密度的养殖动物给这些致病菌、病毒提供了广泛的作用对象；养殖池塘生态环境的污染又为各种微生物包括各种病原微生物、病毒的生长提供了生态条件；养殖池塘生态环境因污染而产生的各种抑制、影响养殖动物生长的物质，影响了养殖动物的生理状态，降低了养殖动物的抗病力。总而言之，养殖池塘生态环境的污染必然会引起养殖动物的各种疾病。

河蟹疾病的频繁出现，又会促进外源性药物的使用，致使致病菌的耐药性增加，给进一步防治这些疾病带来困难；更为重要的是由于用药量的明显增加，导致药物在养殖池塘生态环境中的残留量增加，在养殖池塘换水时，这些药物随着水流而污染周围的生态环境，沿着食物链进入到食用这些养殖动物的人体中，这样也影响了人类的健康。

（五）河蟹养殖污染与富营养化的关系

富营养化又称为水华，是养殖池塘生态环境的普遍问题。很多研究表明，水产养殖区底泥中氮、磷的含量明显高于周围水体底泥，而且底泥中经常有残饵富集，形成有机污染。一些老化池塘中，残饵、粪便、死亡生物的残骸，以及药物等化学物质在底泥中富集更为严重，并促使微生物活动加强，增加了氧的消耗，参与反硝化和反硫化反应。这些污染物在适当条件下会释放到水体中去，促进藻类生长，引起水体的富营养化。在集约化养殖水体中，氨氮污染已经成为制约水产养殖环境的主要胁迫因子。由于水华发生的根本原因是水体中高浓度的氮、磷等营养元素引起藻类的过度繁殖，形成了一系列危害河蟹的结果，所以不论是外来污染物，还是养殖池塘污染物都会使养殖水体富营养化，从而发生水华。

曾经有学者对东太湖河蟹围网养殖区域水质和生态环境调查研究时发现，河蟹放养养殖密度过高以及过量的残留饵料会影响湖泊的生态环境，导致水体富营养化程度加剧。低密度网围养蟹是兼顾东太湖渔业资源开发和环境保护的有效措施。

（六）河蟹池塘生态养殖关键指标——溶解氧

1. 河蟹池塘溶解氧的重要性

溶解氧是水生动物赖以生存的重要环境因素之一。水生动物不同于陆生动物，常生活在溶氧不足的水环境中。河蟹虽然能爬出水面，但在生物学习性上属于底栖生物，对水中溶氧变化更加敏感。水中溶氧是河蟹生存、生长的基础，与其生长、繁殖密切相关。溶氧充足，河蟹正常生长；溶氧不足，即便饵料充足，温度适宜，河蟹也不生长，抗病抗逆性能下降。精养高产池塘，水生生物和有机质较多，溶氧的消耗量大，养殖河蟹常常处于缺氧状态，直接对河蟹造成影响；溶氧对河蟹的间接影响就是造成池塘的厌氧反应，活性淤泥层减少，致使河蟹生存环境恶化，条件致病菌滋生，引起养殖河蟹病害，对养殖生产造成较大损失。因此，溶氧是池塘养殖的关键控制因子，是生态养殖关注的重中之重，池塘养殖应时刻关注池塘溶氧水平，并重点关注阴雨天溶氧、底层溶氧、淤泥层溶氧，开展溶氧精细管理，测氧养河蟹。

2. 溶解氧来源

水中溶解氧主要来源于水生植物、浮游植物光合作用产生的氧气和空气溶解入水体的氧气。水体溶解氧的饱和含量与水温、盐度和大气压强等密切相关，盐度和大气压强不变的情况下，水体溶解氧饱和含量随水温升高而逐渐降低。

3. 池塘溶解氧的分布

有学者研究养殖池塘溶解氧的分布发现，养殖池塘溶解氧的增加以浮游植物光合作用产氧为主，空气扩散作用为辅。晴天中午，上下层因水温存在差异，上下层之间存在热阻力现象，导致上下层水无法混合，表层水体溶解氧呈超饱和状态，形成"氧盈"；底层水体溶解氧缺乏，形成"氧债"。且在大风天气，上风处和下风处溶解氧呈显著差异。晴天中午，下风处溶解氧显著高于上风处。这是因为在风力作用下，浮游植物大量的聚集于下风处，光合作用产氧量高，风力越大，下风处溶解氧越高；夜间相反，下风处浮游植物呼吸作用消耗氧气，导致下风处溶解氧低于上风处。

4. 河蟹生态养殖与溶解氧的关系

（1）河蟹对溶解氧需求与特殊性

河蟹属于底栖水生动物，对池塘底层水体溶解氧含量有一定的要求。邹恩民等研究发现，河蟹需求的临界溶解氧含量为 $1.92 \sim 3.47$ mg/L。河蟹生活习性为昼伏夜出。据观察，在水草较多的池塘，河蟹白昼主要活动范围为池塘中水草密集处的中底部，夜晚主要活动范围为水草表层和池塘岸边。在河蟹养殖池塘中，需重点关注白昼池塘底层水体溶解氧含量及夜晚池塘整体溶解氧含量的变化。

池塘鱼类可以在池塘不同水层生存，而河蟹不同，它们只有攀附在水草中才能上下选择适宜的水层，或者就生活在池塘底层，当池塘水体恶化到它们无法正常生存的情况下，会爬上岸边（夜间上岸为正常活动）。所以河蟹池塘溶解氧主要问题在于改善底层溶解氧水平。

（2）河蟹生态养殖池塘及增氧机的特殊性

河蟹生态养殖池塘较鱼类养殖池塘不同，河蟹生态养殖池塘大面积种植高等水生植物，如伊乐藻、轮叶黑藻、苦草等。水草光合作用产氧成为河蟹生态养殖池塘溶解氧的主要来源。

传统鱼类养殖池塘使用的增氧机是叶轮式增氧机，主要原理是通过搅动水体，增加上下水层物质交换，再者其搅动水体也增加了与空气的接触面积，加大了空气中氧气的溶解速度。但叶轮增氧机并不适用于河蟹养殖池塘，其主要原因有：一是河蟹的最适宜生存环境为安静、水生植物多的水体。叶轮式增氧机开启时会产生较大的噪音，有可能影响河蟹的正常生长；二是叶轮式增氧机其开启时只能保持周围有限范围内溶解氧较高，使鱼群集中到这块区域，从而达到救鱼的目的。河蟹本身游泳能力较弱，无法到达水体表层，没有可能像鱼类一样聚集到增氧机周围；三是河蟹生态养殖池塘沉水植物较多，而且伊乐藻、轮叶黑藻和苦草等株高都能达到 1m 左右，若使用叶轮式增氧机，植物极有可能会缠绕在叶轮上，损坏增氧机，影响其正常的使用。

（3）河蟹生态养殖池塘增氧机的使用

如今，河蟹生态养殖池塘增氧机的研究开展较多，研究人员通过底层微孔增氧机发现，底层增氧设备可以显著提高池塘河蟹单产和规格，且能显著降低池塘内氨氮量、亚硝态氮量、化学需氧量等水质指标。合理使用增氧机可以显著提高增氧效率，减少河蟹养殖成本，提高河蟹养殖的成活率、单产和规格。

（七）河蟹池塘生态养殖关键指标——非离子氨

1. 河蟹池塘非离子氨的危害

河蟹池中的氮与河蟹养殖关系极大，它不仅是水体中藻类必需的一种营养元素，也是较常见的一种限制养殖水体初级生产力的常量元素。水体中氮元素主要以有机氮和氨态氮（$NH_3\text{-}N$）等含氮化合物的形式存在，而氨态氮在水体中是以氨和铵两种形态存在。水体 pH 小于 7 时，水中的氨几乎都以铵的形式存在；水体 pH 大于 11 时，则几乎都以氨的形式存在。

水体中的离子氨不仅无毒，还是水生植物的重要营养盐类。水体中对河蟹有毒害作用的主要是非离子氨，即使浓度很低也会损坏河蟹鳃部组织。一般而言，随 pH 及温度的升高，非离子氨比例也增大。河蟹受氨的影响发生急性中毒时，表现为严重不安。此时水体为碱性，具有较强的刺激性，使河蟹黏液增多，充血。非离子氨对河蟹类的毒性作用主要是损害河蟹的肝、肾等组织，使河蟹的次级鳃丝上皮肿胀、黏膜增生而危害鳃。非离子氨通过呼吸作用由鳃丝进入血液，河蟹的血红细胞和血红蛋白数量逐渐减少，血液载氧能力下降，从水中获取溶氧能力降低，最终导致河蟹窒息死亡。

2. 非离子氨产生的原因

（1）投饵不合理

在养殖河蟹时，投喂的饲料蛋白质含量较高，有一些蛋白质是河蟹无法利用的，这些蛋白质会排泄到水中；投喂过多，造成河蟹吃得过饱，有些饲料未充分消化就排泄到水中。这些含氮有机物在水中分解会产生大量的氨和有毒物质。

（2）养殖品种单一

很多河蟹养殖池塘的养殖密度过大且品种单一，饵料得不到充分利用。水中大量的残饵、粪便等有机物经微生物分解产生氨氮大量积累在水中和池底，时间长了便会由于积累过量导致超标。

（3）不合理施肥

蟹池在河蟹养殖前期需要种植水草并使水保持一定的肥度，因此施肥是必不可少的。但目前大部分的池塘由于连续多年养殖，普遍存在氮过多、磷不足的现象。很多养殖户在施肥时还是以氮肥为主，长期使用自然氨氮容易超标。

（4）养殖品种正常的生理代谢

池塘内的河蟹、鱼、虾等养殖品种的正常生理代谢都会产生氨氮。还有水中浮游动物的正常生活过程中也会排泄含氮废物，主要是氨氮，且以非离子氨为主。

（5）池底淤泥过多

有的蟹池长期不清淤且水体养殖密度过大，易造成水底缺氧，含氮有机物分解，通过各种微生物的作用，分别以氨氮、亚硝态氮、硝态氮的形式存在于水体中，在水体缺氧条件下，亚硝态氮会转化为毒性更强的氨氮。

第三节 河蟹生态养殖水质调控

河蟹养殖水体的生态系统包括：消费者（河蟹等养殖对象）、分解者（有益微生物）和生产者（藻类和水生植物）三大部分，其核心就是能量流动和物质循环。传统河蟹养殖生产工艺仅片面强调消费者，忽视分解者和生产者，形成能量流动和物质循环的瓶颈，其生态系统极不平衡。河蟹是整个生态系统的核心，其数量多，投饵量大，会产生大量的排泄物和残饵；有益微生物的数量少，水体中有机质不能被及时分解；水生高等植物被河蟹消灭干净，水体生产者以藻类为主体，能量转化效率低下。传统的河蟹养殖造成的结果是水体富营养化，河蟹生长缓慢，养殖病害严重，需要采用大量药物治疗病害，最终导致河蟹品质下降。

因此，改善养殖水环境，必须打破传统养殖工艺存在的"瓶颈效应"。而生态养殖就是要保持养殖水体中消费者、分解者和生产者三者之间能量流动和物质循环的平衡，要求其物质循环和能量流动不存在"瓶颈"。生态养殖要求强化分解者，改善水体溶氧、pH 条件和利用微生态制剂，使水体和底泥中的有益微生物数量大大增加，将大量的有机物分解成无机盐。促进生产者，种植和保护水生维管束植物（或高等藻类），通过光合作用，将无机盐转化为绿色植物产出。

因此，采用生态养殖技术，能够使饲养水生动物产生的废物全部被微生物分解，所分解的营养物质又全部被高等水生植物（水草）所利用，对环境达到零污染排放。作为养蟹水体，生态养殖的核心是采用生物修复技术，修复水环境。怎样修复水环境，重点就是水草资源的保护和栽培。俗话说"蟹大小，看水草"。只有营造好"水底森林"，才能防止水体富营养化，才能养出规格大、品质好的河蟹。

河蟹的生态养殖，非常注重对水体水质的调控。养殖户应通过对养殖水体采取定期换水、分阶段进行水质调控、定期使用生石灰和生物制剂等措施，使养殖水体的水质充分满足河蟹生长发育的需要，提高产品的产量和质量、降低成本、增加效益。

一、水位调控

池塘水位的调控要根据河蟹的存塘量和生长的适宜水温，这两个因素来决定水位的高低。实际操作中掌握"春浅、夏满、秋适中"的原则，以控制水体水温，尽量满足河蟹的生长需要。

春浅：3—5月份，气温偏低，河蟹刚入塘，池塘存蟹量小，所以此时应保持低水位，提高水温。一般保持水位在 40～50 cm，而后要随着气温的升高逐渐加深。

夏满：6—8月份，气温逐渐升至最高，蟹的生长速度加快，存塘量也渐增。这阶段的水位应随气温的渐增而相应调高，控制在 100～120 cm。高温季节，水位还可以适当加深。

秋适中：9—10月份，气温逐渐下降，而此时蟹的存塘量渐至最大值，河蟹的生长速度也逐渐缓慢。保持稳定的水位可以满足河蟹的生长需要。水位应控制在 80～100 cm。

二、池水透明度的控制

池水的透明度是衡量水质的重要指标之一，养殖过程中要定期测试水体的透明度，通过换水、加水、药物调控等方法来调控。在河蟹养殖过程中，不同的生长季节对水体透明度的要求也不相同。3—6月份，应当控制池水透明度在 30 cm 左右；7—9月份，气温较高，河蟹生长快，投饵量加大，水质容易变坏，此时水体透明度应控制在 40～50 cm 左右，以防止发生蟹病和池塘缺氧；10—12月份，根据河蟹的生长需要，应控制水体透明度在 35～40 cm左右。

三、梅雨季节的水质调控

梅雨季节，光合作用减弱，池水的物理、化学指标发生变化，引发藻类和蟹池水草的大量死亡，造成池水缺氧、pH下降，河蟹产生应激反应等危害。

针对这种情况，养殖过程中应采取以下措施来调节水质。

（一）增氧

为防止池水缺氧，可采用增氧机增氧，有条件的地方可采用微孔增氧技术，直接对水体进行增氧。

（二）停食

梅雨季节，天气闷热，河蟹的摄食量降低。为防止残留饵料对水体的污染，可酌情减少饵料的投喂，甚至停食，以防水质恶化。

（三）使用生物制剂调节水质

红螺菌科的光合细菌无论是在有光照还是无光照、有氧还是无氧的条件下都能通过其自身的新陈代谢吸收和消耗水体中大量的有机物、氨氮、亚硝酸盐和硫化物等对养殖河蟹有害的物质，从而使水质得到净化，保持水体适宜的 pH 和溶氧水平。

（四）使用生石灰消毒

生石灰溶于水后可作为缓冲体系，稳定水体的 pH，促进水体有机物的聚沉和矿化分解，净化水质；同时可作为消毒剂杀灭有害细菌，防止病害的发生，养殖过程中要根据需要使用生石灰，掌握控制使用量，使池水的药物浓度在 20 mg/L 以下。过多或频繁使用生石灰会造成河蟹的应激反应。

（五）使用减缓应激反应制剂

为防止河蟹产生应激反应，作为水质调节的辅助功能，建议在梅雨季节使用应激宁等制剂，同时在饲料中添加 2% ~ 3% 的维生素 C。

四、高温季节的水质调控

高温季节河蟹生长受到抑制，水质容易突变。养殖过程中要注意以下几点：

①加大水位，降低水温，控制水位在 100 ~ 120 cm。

②控制投喂量，保持少量多餐，少荤多素。减少饲料残留和排泄物，防止水体污染。

③使用生物制剂调节水质。根据实际需要定期使用生物制剂。

④尽可能不使用化学药品。防止对水体环境的改变，引发河蟹的应激反应或因不适应新环境而造成河蟹的死亡。

五、蜕壳期前的水质管理

一个成蟹养殖期大概需蜕壳 3～5 次，一般蜕壳 4 次。水质的好坏，直接影响蟹的蜕壳生长。

（一）蜕壳期前的管理

河蟹在蜕壳前需要环境刺激，促进蜕壳，根据这一特性，养殖过程中应采取以下措施：

①在每次蜕壳前 3～5 天加注新水，增加水体溶氧，改变环境，刺激河蟹。

②使用生石灰调节水质，浓度不高于 20 mg/L。此时使用生石灰有两个目的：一是调节水质，使河蟹产生应激；二是消毒，防止病害侵袭蟹体。

③投喂新鲜的动物饵料，促进生长，防止污染水质。

（二）蜕壳期的水质管理

和蜕壳前相反，蜕壳后的河蟹需要在一个稳定的环境中生长，防止河蟹出现应激反应。所以蜕壳期水质管理技术：第一是保持水位稳定，原则上不进行换排水；第二是严禁使用化学药品，包括生石灰；第三是投喂动物性饵料。

第二章 蛋鸡生态养殖技术

第一节 蛋鸡生态养殖概述

一、生态放养模式

生态放养模式主要是利用当地的林地、果园、草场、农田等作为放养场地进行蛋鸡的生态放养。

（一）模式特点

1. 体现了林禽结合、循环农业等生态养殖的基本要求

根据林地、果园、草场、棉田、草山草坡、河堤等可作放养地的特点，充分利用了土地和空间资源，实行蛋鸡放养和舍饲相结合的生产方式，充分利用广阔的林地、果园等自然资源进行养鸡生产，这种饲养模式体现了循环农业等生态养殖的基本要求。

2. 生产的鸡蛋、鸡肉是无公害、绿色、有机食品

鸡白天在林地、果园、草场、山场等放养场地自由觅食，充分利用了生态饲料资源。获得的野生饲料，一方面可以减少人工饲喂饲料的数量，节省饲料开支；另一方面野生的动植物饲料中含有丰富的动物性蛋白质和多种氨基酸，并且还有大量叶黄素等营养物质，使鸡肉营养丰富、味道鲜美，蛋黄颜色橙黄，适口性增加。通过对饲养过程的科学管理，可生产出无公害、绿色、有机的鸡蛋和鸡肉产品。

3. 为农禽业生产提供了良好的生态条件

林地给鸡提供了自由活动、觅食、饮水的广阔空间。林地环境安静、空气新鲜、光照充足、有害气体少、饲养密度小，从而给鸡提供了良好的生活环境，使鸡只健康，生长发育良好。鸡在新鲜的空气、自由的觅食运动中充分享受了动物福利。养鸡产生的粪便等废弃物可就地消纳，减少对周围环境

的污染。适当适时地放养，对林地的生产经营有利，通过林禽结合，可使林地生态结构合理，提高生产率，增加收入。

（二）适用条件

这种生态养鸡模式首先要有适宜的林地、果园、草场等放养场地，且林地的类型、环境条件、林地的植被状况、水源等都应具有一定的条件要求。

我国地域广阔，各地具有多样化的林地、果园、草场等资源，把自然资源有效开发利用，进行适度规模的蛋鸡生态放养，符合市场对优质、安全畜产品的需求，也能够充分发挥地区生态农业的优势，是带动农民致富的好项目。

我国南北各地林地自然资源差异较大，自然气候条件和市场消费需求各不相同，在利用林地进行蛋鸡的生态放养方面呈现多样化局面。

生态放养的模式通过建立良性物质循环，实现资源的综合利用，既解决农林争地矛盾，改善农业生态环境，又可提高自然资源利用率，增加农民收入，促进生态和经济协调发展，符合生态养殖的基本要求和生产实际。该模式是很多地区发展生态养鸡的重要模式，具有良好的发展前景。

二、种、养、能源配套的生态种养模式

这种生态种养养殖模式是按生态学原理，以蛋鸡养殖为主，养种结合，农、牧、渔、沼综合经营，形成生态、经济良性循环的生产模式，如鸡、沼气、粮、果、林、菜循环利用的生态种养的模式。

（一）特点

鸡—沼—粮（果、林、菜）生态养殖模式是为合理处理养鸡过程中产生的粪便、污水等废弃物，对粪便中生物能加以利用，让鸡场排出的粪便污水进入沼气池，经厌氧发酵产生沼气，作为二次能源，供民用；沼液作为粮（果、菜）地的肥料；沼渣可作优质饵料用于喂鱼、虾等。粮（果、菜）的加工副产品又可作为鸡的饲料，循环利用。

（二）要求条件

采用这种生态养殖，需要根据养鸡规模，在养鸡场配置不同容积的沼气池，产生的沼渣、沼液最好作为肥料就近施用到农田、果园、林地、菜地等。

鸡—沼—粮（果、林、菜）的生态养殖模式形成了物质的循环利用，既可解决鸡场对环境的污染，又可为农业生产提供肥料，还可为农民生活和鸡

场生产提供干净的能源。但建沼气池需要一定的投资，尤其规模化养鸡场沼气处理设施建设需要的一次性投资大，应争取国家资金支持。

三、蛋鸡标准化、规模化生态养殖模式

（一）特点

1. 健康养殖

严格按照养殖场建设标准的要求选址、规划建场，场内设生活区、管理区、生产区、粪便处理区，鸡舍设计合理。鸡场饲养高产蛋鸡品种，饲喂全价优质饲料。饲养技术规范，鸡舍环境控制技术先进，饲养过程的饮水、喂料、温度控制、湿度控制、通风、捡蛋等可根据鸡场实际条件配套机械化或自动化的设施、设备。标准化、规模化的生态养鸡场集约化水平高，饲养规模大，应严格控制品种、饲料、饲养管理、卫生防疫等各生产环节，确保鸡群健康，实现健康养殖。

2. 合理的粪污处理措施

结合各场的具体情况，采用不同的粪污处理方法，配备相应的设施设备，减少鸡粪对周围环境的污染，实现清洁生产。该种模式的生态鸡场，可根据实际情况，在鸡场附设沼气设施，或附设有机肥综合利用设施，或设置集粪池，鸡场的污水进行处理后达标排放或利用。

（二）基本要求

这种模式技术水平要求高，投资较大，管理难度较高，适合现代化、规模化养鸡场采用。可采用公司＋合作社＋基地＋农户的产业链带动方式，把养殖户连接起来，统一粪污处理方式，进行生态饲养。鸡场还可以在林间、果园、园艺场选址建场，利用林木、排水渠等将场内不同功能区自然隔离，也可在鸡舍间种植低矮经济作物。

蛋鸡标准化、规模化的生态养殖模式，要综合考虑鸡场的环境安全，兼顾鸡场对周围环境的污染；应采用综合的养殖手段和途径，最后生产出安全、优质的禽产品；同时又做好环境保护工作。

第二节 蛋鸡生态养殖的饲养管理技术

一、适宜养殖的蛋鸡良种

（一）优良种公鸡的选择

1.根据外形

优良种公鸡鸡冠、肉髯鲜红，冠峰直立整齐，眼大有神，颈部昂举，体躯雄壮，胸宽而突出，腿长有力，肌肉丰满，骨骼粗壮，尾羽丰美。

2.根据行为动态

优良种公鸡活泼好动，步伐有力，鸣声响亮；食欲、性欲都很旺盛；爱护母鸡，对其他公鸡表现出好斗的行为等。

（二）优良种母鸡的选择

1.根据外貌与行动

优良种母鸡头部宽深而短，冠、肉髯鲜艳绯红，眼大有神，嘴粗短且稍弯曲，颈长适中丰满；两腿间距宽，肌肉发达，爪短、弯曲有力；耻骨间的间距较宽、有弹力，以平放手指能容纳 3～4 指为好；耻骨至龙骨（即胸骨的间距宽）为 3～4 指，肛门宽敞而温润；富有活力，活泼好动，下蛋速度快。

2.根据换羽情况

换羽即换毛，是鉴别种母鸡生产能力高低的主要特征。换羽过早的母鸡（如在夏季或初秋换羽的母鸡）是低产的母鸡，高产的母鸡一般在晚秋才开始换羽；换羽期越短的种母鸡越好，换羽期太长的就差。一般换羽期在 1.5～3.0 个月。因此，应选择换羽迟、换羽期短的母鸡作为优良种母鸡。

（三）引种时的注意事项

①雏鸡应来源于具有种禽生产经营许可证的种禽场。
②雏鸡需经产地动物防疫检疫部门检疫合格，达到 GB16549 的要求。
③同一栋鸡舍的所有鸡应来源于同一种鸡场相同批次的鸡。
④不得从鸡病疫区引进雏鸡。

⑤运输工具运输前需进行清洗和消毒。

⑥鸡场应有追溯程序，能追溯到鸡出生、孵化的鸡场。

二、生态养殖蛋鸡的饲养管理

（一）雏鸡的饲养管理

雏鸡生长发育迅速、代谢旺盛，体温调节机能不完善，胃容积小且消化能力弱，胆小怕惊，对外界环境反应敏感，抵抗力差。饲养上，要满足营养需要，注意饲喂纤维含量低、易消化的饲料，管理上要不断供给新鲜空气，环境要安静，防止各种异常声响，防止狗、猫和老鼠的伤害，并做好各项卫生防疫、消毒工作，预防疾病发生。育雏方式有地面育雏、网上育雏、小床育雏和笼中育雏。

1. 育雏前的准备

育雏以前应充分做好以下各项准备工作：

（1）准备好育雏舍和育雏设备

育雏舍要求向阳、干燥、保温、通风、门窗严紧，房屋不漏雨，墙壁无裂缝，水泥地面无鼠洞；火炉、保温器、饲槽、饮水器、温湿度计、扫帚、清粪工具、消毒工具等都要准备好。

（2）对育雏舍彻底清洗、消毒

①鸡出栏后立即对育雏舍、育雏设备进行清扫、冲洗和消毒，并至少保持 2 ～ 4 周的空舍时间。

②鸡舍地面、墙壁、屋顶、门窗、鸡笼和各种用具都要用高压水龙头冲洗，直至肉眼看不见污物。

③铁质子网、围栏、料槽等，晾干后用火焰喷枪灼烧消毒。

④鸡舍清洗后先用 0.03% 二氧化氯或 2% 氢氧化钠溶液消毒，剂量为 1 500 mL/m²，再用福尔马林或过氧乙酸熏蒸消毒。熏蒸消毒前关闭门窗，每立方米空间使用福尔马林 30 mL，加入高锰酸钾 20 g，24 小时后打开门窗排出残余气体。熏蒸时在地上洒点水，保持相对湿度，消毒效果好。

⑤鸡笼用 0.1% 新洁尔灭、0.3% ～ 0.5% 的过氧乙酸或 0.2% 的次氯酸溶液消毒。

（3）鸡舍预热

①进雏前 1 ～ 2 天打开加热器，提高育雏舍温度，保证舍温达到育雏温度要求（一般靠近热源处 35℃，舍内其他地方最高 24℃ 左右）。观察温度是否均匀平稳，加热器的控温原件是否灵敏，温度计是否准确等。

②接雏以前还要将饮用水加好，让水温达到室温。

③采用平面育雏时，可用铁网、席子等做成围栏，每 400 ～ 500 只雏鸡一个。育雏 2 天之后，随着雏鸡日龄的增长，可将围栏的面积不断扩大，10 ～ 15 天后即可移走围栏。

（4）饲料及药品准备

饲料应按进鸡的品种要求，配制营养全面的饲料，一次配料最好不要超过 3 天的用量，以免饲料霉变和营养成分损失；为了预防雏鸡发病，应准备好相应的药品和疫苗。

（5）做好人员的培训工作，制订好育雏计划，准备好记录表格等。

2. 雏鸡到达时的安置

雏鸡运到育雏地点后，先在雏鸡舍地面静置半小时左右，以缓解运输应激，使雏鸡逐渐适应鸡舍的温度环境，再根据雏鸡的大小和强弱分群装笼。体质虚弱的雏鸡放置在离热源最近、温度较高的笼层中；少数俯卧不起体质虚弱的雏鸡，则要创造 35℃ 的环境单独饲养。经过 3 ～ 5 天的单独饲养管理，康复后的雏鸡即可放入大群饲养。

3. 雏鸡的饲养

（1）初饮

先饮水后开食。雏鸡到达后的第一次饮水称为"初饮"。初饮的时间是雏鸡到达育雏舍后 1 小时之内；饮用 18℃ ～ 20℃ 的温开水，切莫饮用低温凉水；可饮用 5% 葡萄糖水或 8% 蔗糖水提高应激能力，饮用 0.01% ～ 0.05% 高锰酸钾水等预防疾病。饮水调教时，用拇指和中指轻轻扣住颈部，食指轻按头部，将喙部按入水盘，注意水不能没及鼻孔，然后迅速抬起鸡头，让水吞咽。饮水器要求分布均匀，高度适中，且在光线明亮处，与料盘交错摆放，平面育雏时饮水器和料盘的距离不要超过 1 m。饮水器每天清洗 1 ～ 2 次，并消毒。

（2）开食

雏鸡到达后的第一次吃食称"开食"。适时开食是科学养鸡的技术措施之一。

①开食时间：应在初饮之后 2 ～ 3 小时。适宜的开食时间一般在雏鸡出壳后 24 小时左右，通常鸡群有 1/3 以上的幼雏有啄食现象即可开食。开食过早，雏鸡缺乏食欲，且对雏鸡消化器官有害，不利于卵黄的吸收。开食过晚会过度消耗雏鸡体力，使其虚弱，影响以后的生长和成活。开食晚于 48 小时可明显影响雏鸡的增重。

②开食饲料：开食饲料要求新鲜、颗粒大小适中、营养丰富，容易消化。常用的有新鲜小米、碎玉米、碎大米等，最好用营养全价的雏鸡配合料直接开食。

③开食方法：开食前，先给雏鸡清洁温水 2～3 小时，最好是 5% 葡萄糖水。然后将浅而平的料盘、塑料布、报纸等放在光线明亮处，将料反复抛撒几次，引诱雏鸡啄食。料盘或塑料布一定要足够大，以便所有雏鸡能够同时采食。育雏第一天，饲养员要多次检查雏鸡嗉囊，以鉴定是否已经开食和开食后是否吃饱。

④饲喂次数：坚持少喂勤添，第一天 2～3 次，以后每天饲喂 5～6 次；6 周以后逐步过渡到 4 次，喂料时间为早晨 5 时半，上午 8 时半，中午 11 时半，下午 2 时半和 5 时半，晚上 10 时半。喂食时间要稳定，不要轻易变动。

⑤料槽的更换：2～3 天后应逐渐增加料槽，待雏鸡习惯料槽时，撤去料盘或塑料布。0～3 周后使用幼雏料槽，3～6 周龄使用中型料槽，6 周龄以后逐步改用大型料槽。

（3）雏鸡喂料量

第一周内 1 只雏鸡 1 天喂 10 g 饲料，第四周起 1 只雏鸡 1 天喂 25 g 饲料，第六周起 1 只雏鸡 1 天喂 35 g 饲料。每天的料应基本吃完，不要剩料，以免养成雏鸡挑食习惯，造成营养不均衡。

4. 雏鸡的管理

雏鸡的管理条件有合适的温度、适宜的湿度、正确的光照制度、新鲜的空气、合理的饲养密度、严格的卫生和防疫制度。日常管理工作的好坏是育雏成败的关键环节之一。

（1）温度

①适宜的温度是育雏成功的首要条件，必须正确地掌握，切忌过高过低或忽高忽低。温度过高影响其正常代谢，导致雏鸡食欲减退、体质变弱、生长发育缓慢；过低则易导致感冒，诱发鸡白痢。

②环境温度包含育雏室和育雏器的温度和湿度。

③观察雏鸡在育雏器内的活动和行为状态是检验温度适合程度的最客观和直观的方法。

④随着日龄的增加，当温度降低至室内外温差不大时，即进行脱温。脱温一般选择风和日丽的晴天，鸡群健康无病时进行，避开免疫、转群、更换饲料等各种逆境。脱温要逐渐进行，用 3～5 天的时间逐渐撤离保温设施。脱温后雏鸡舍要保持干燥，料槽和饮水器等设施尽量维持原貌，减轻雏鸡的不适应感。

（2）湿度

常用干湿球温度表监测湿度，添加到湿球水盒的水为蒸馏水或凉开水。可在鸡舍地面上洒水，摆放一定数量的水盘，将湿布或湿麻袋搭在走道和四周墙壁铁丝上，在火炉等热源上放置水壶、水盆等用蒸汽补充湿度，进行湿度调节。另外，饮水器中要保持饮水不断。

（3）光照

合理的光照制度能加强雏鸡的代谢活动，增进食欲，有助于钙、磷的吸收，促进雏鸡骨骼的发育，提高机体免疫力。应从雏鸡出壳时就开始合理的光照。

（4）饲养密度

密度是指育雏舍内每平方米容纳的雏鸡数。密度过大，鸡群拥挤，吃食不均，发育不整齐。饲养密度要根据鸡舍的构造、通风及饲养条件等具体情况灵活掌握。

（5）通风

保持鸡舍内的空气新鲜是雏鸡正常生长发育的重要条件之一。雏鸡呼吸时，排出二氧化碳，其粪便也发出臭味（氨气和二氧化硫等），有害气体会刺激鸡的气管、食道、眼睛等敏感部位，诱发呼吸道疾病。因此一定要通风，保持空气清新。

（6）断喙

断喙用切喙器或烙铁把雏鸡的嘴尖切下来。上喙切除从嘴尖到鼻孔的1/2，下喙切掉前端的1/3时，注意不要把舌头切掉。断喙的目的是防止鸡采食时浪费饲料及啄羽、啄趾、啄肛等恶癖的养成。第一次断喙在6～10日龄时进行，第二次断喙（补断）一般在8～12周龄进行（针对第一次断喙时断喙太轻和因体质较弱第一次未断喙的雏鸡）。

雏鸡免疫前后两天或鸡群健康状况不良时，不宜进行断喙。断喙前1天和断喙后2天，每千克饲料中添加2～3 mg维生素K和150 mg维生素C。断喙刀片的适宜温度为600℃～800℃，断喙速度以每分钟15只左右的鸡为宜。断喙后3天内供给充足饮水和饲料。

（7）分群

第2周龄末和第4周龄末，分别将体重大、体质强壮的雏鸡往下层分，体重小、体质弱的雏鸡分在上层。通过加强对弱小雏鸡的管理，提高鸡群的均匀度，日常管理工作中还要注意经常性地调整鸡群。

（8）啄癖防治

环境因素不良（高温、空气污浊或饲养密度太大）、饲料中蛋白质水平过低或某些矿物质（硫、氯化钠等）不足、光照强度过强、雏鸡体表寄生虫侵袭等原因均可引发啄癖。要认真查找啄癖原因，并将具有啄癖的鸡抓出，隔离饲养或者淘汰，以免其他鸡只效仿其恶习。

（9）严格的卫生和防疫

雏鸡死亡原因很多，如鸡白痢、脐炎、脱水、感冒、维生素缺乏、鼠害及啄死。全进全出制、严格的消毒和隔离制度是防病主要措施。免疫是防治病毒性传染病和一些细菌性传染病最有效的方法。常见疫病的药物预防和常见疫病的预防接种详见鸡蛋安全生产防疫技术。

（10）加强鸡群的日常观察，做好管理记录

观察鸡群是日常管理工作的重要环节。只有认真观察鸡群，才能准确掌握鸡群的动态，熟悉鸡群的情况，保证鸡只健康生长。观察鸡群的主要内容包括采食情况、精神状况、雏鸡的叫声、粪便形状与颜色、雏鸡的外形外貌、呼吸状况、啄伤及异食现象等。病、伤鸡要及时捉出，放置在隔离栏（笼）内进一步观察。如果发现相同或相似病症在鸡群中蔓延扩展迅速，就必须立即请兽医诊治，以免贻误病情。

5. 育雏效果的评价

雏鸡成活率、育成鸡成活率是检查育雏成绩优劣的重要指标。质量良好的雏鸡，整个育雏期的成活率应在98%以上。检查雏鸡生长发育的好坏，往往以体重为标准。各阶段标准体重是检查饲喂是否合理的依据。

（二）育成鸡饲养管理

育成鸡是指7～20周龄的鸡。针对育成鸡的生理特点（能自身调节体温、消化功能健全、骨骼和肌肉的生长都处于旺盛时期、性器官发育迅速），饲养管理的关键是促进育成鸡体成熟的进程，保障育成鸡健壮的体质；控制育成鸡性成熟的速度，避免性早熟；合理饲喂，防止脂肪过早沉积而导致鸡只过肥。

1. 育成鸡的饲养

（1）育成鸡的饲养方式

育成鸡的饲养方式有平养、板条（金属网）和平养结合、全板条（金属网地面）及笼养。

（2）育成鸡的营养需要

育成鸡7～14周龄阶段需要较高的能量、蛋白质和维生素；15～18周龄阶段饲料养分浓度可适当降低，即饲料可以"粗"一些。

（3）体重控制与限制饲喂

限制饲喂就是有意识控制饲料投喂量，并限制饲料的能量和蛋白质水平，以防止育成阶段体重过大，成熟过早，成年后产蛋量减少的一种饲喂方法。限饲目的是控制生长发育速度，保持鸡群体重的正常增长；延迟性成熟，提

高进入产蛋期后的生产性能；节省饲料，降低饲养成本；降低产蛋期间的死亡率。

限饲前，必须对鸡群进行选择分群，将病鸡和弱鸡挑选出来；限饲期间，必须有充足的料槽、水槽。若有预防接种、疾病等应激发生，则停止限饲。若应激为某些管理操作所引起，则应在进行该操作前后各 2～3 天使鸡只自由采食。采用限量法限饲时，要保证鸡只饲喂营养平衡的全价日粮。定期抽测称重，一般每隔 1～2 周随机抽取鸡群的 1%～5% 进行空腹称重，通过抽样称重检测限饲效果。若超过标准体重的 1%，下周则减料 1%；反之，则增料 1%。

2. 育成鸡的管理

育成鸡的管理技术要求严而细，既让鸡生长又要适当控制生长，既要早熟又要控制过早熟。

（1）转群

雏鸡满 6 周龄时应转到育成鸡舍或育成笼内。如果育雏和育成鸡在同一鸡舍则不存在转群。转群时应严格淘汰病、弱、残鸡，保证鸡群健壮整齐。气温不冷不热的时间段开始转群。

转群前必须对鸡舍及器具进行维修和清洗消毒，准备足够的育成鸡舍，配备好用具。转群前 2～3 天，饲料中各种维生素的含量要加倍，同时给鸡只饮用电解质溶液；转群前 6～8 小时停料。转群后当天充分采食和饮水；转群时，抓鸡的动作要轻柔，转群后饲养员要勤于观察鸡群的动态。转群后 7 天不要进行预防接种；冬季转群应在中午进行。

（2）饲养密度

无论是平面饲养还是笼养，育成鸡都要保持适宜的密度。网上平养鸡，饲养密度为每平方米 10～12 只；笼养鸡，按照笼底面积计算为每平方米 15～16 只，从脱温开始逐渐缩小饲养密度，使整个育成期一直保持适当密度。

（3）通风

育成鸡的生长速度快，采食量增加，呼吸和排粪量相应增多，鸡舍内的空气容易污浊。如果通风不好，则鸡只的羽毛生长不良，饲料转化率下降，生长发育缓慢，整体均匀度比较低，容易诱发呼吸道疾病。

（4）光照

必须根据出雏日期、鸡舍类型和条件，制定一个切实可行的光照管理制度。育成鸡光照管理的两项重要原则是：光照时数应由长变短或者保持恒定；光照强度应由强变弱。育成期光照强度以 5～10 lx（1.3～2.7 W/m^2）为宜，不要经常变换。每天光照时间不超过 12 小时。不要在红光中饲养育成鸡。

（5）温度与湿度

随鸡日龄的增大，鸡舍内的温度要逐渐降低。其适宜温度为 16℃左右，相对湿度为 60%。

（6）育成鸡日粮过渡

育成鸡更换饲料过渡的方法如下：

①5 周龄或 7 周龄第 1～2 天，2/3 的雏鸡料和 1/3 的育成鸡料混合饲喂；

②5 周龄或 7 周龄第 3～4 天，1/2 的雏鸡料和 1/2 的育成鸡料混合饲喂；

③5 周龄或 7 周龄第 5～6 天，1/3 的雏鸡料和 2/3 的育成鸡料混合饲喂，此后饲喂育成鸡料；

④饲料的更换以体重和跖长指标为准。在 6 周龄末，分别检查雏鸡的体重及跖长是否达到标准。若符合标准，7 周龄后开始更换饲料；若达不到标准，则继续饲喂育雏料，直到达标为止。

（7）预防啄癖

防治啄癖也是育成鸡管理的一个重点。育成鸡常见的啄癖有啄羽、啄趾、啄尾、啄背、啄头等，主要由于日粮营养不全，尤其是无机盐和微量元素缺乏、饲养密度过大、光照强度过强、通风不良引起。育成鸡啄癖的防治不能单纯依靠断喙，应配合改善室内环境、降低饲养密度、改进日粮成分、采用 5 lx 光照等多项措施。对于已经断喙的鸡，在转群前应捡出早期断喙不当或捕捉时遗漏的鸡，进行补切。

（8）驱虫、防疫

驱虫不但能减少饲料浪费，降低成本，还能有效预防鸡的各种肠道寄生虫病和部分原虫病，确保鸡群健康。一般 7～9 周龄 1 次、17～19 周龄 1 次。每 10 只鸡用左旋咪唑 5～6 g 拌料，一次投服，或用鸡虫净片按体重内服（0.75～1.50 kg 体重服 1 片，2 kg 以上服 2 片）。

在育成阶段，青年鸡正处于生长阶段，加之实行限制饲喂等措施，容易造成饲养逆境，鸡体抵抗力较弱，常易发生一些疾病。疫苗接种工作应认真负责，免疫剂量、使用方式和时间应完全正确，最好能够监测产生抗体的滴度与均匀度。常见疫病的药物预防和常见疫病的预防接种详见蛋鸡健康安全控制部分。

（9）选择和淘汰

对鸡的选择和淘汰可结合转群进行，也可在育成期进行。选择的标准要根据体重、体形、外貌进行选择。对于经过加强饲养管理仍然达不到生产标准的鸡，以及有病、受伤、畸形鸡，应将其剔除。

（10）添喂沙砾

添加目的是提高鸡只胃肠的消化功能，改善饲料转化率；沙砾既可以拌入日粮中，也可以单独放在沙槽内任鸡自由采食；添喂前用清水冲洗干净，并用 0.01% 高锰酸钾消毒。添加量为：

①每 1 000 只育成鸡，5 ～ 8 周龄一次饲喂量为 4.5 kg，沙砾能够通过 1 mm 筛孔。

② 9 ～ 12 周龄 9 kg，沙砾能通过 3 mm 筛孔。

③ 13 ～ 20 周龄 11 kg，沙砾能通过 3 mm 筛孔。

（11）开产前的饲养管理要点

在育成后期开产前 10 天或当鸡群见第一枚蛋时应该补钙，将日粮中的钙水平提高到 2% 左右。其中，至少有 1/2 的钙以颗粒状石灰石或贝壳粒供给，直到鸡群产蛋率达 5% 时，再将生长鸡饲料逐渐改换成产蛋鸡饲料。

在 18 周龄时，对于达不到标准体重的鸡群，将原来限饲的改为自由采食，原为自由采食的则提高日粮蛋白质和代谢能水平，以便鸡开产时尽可能达到标准。原定 18 周龄增加光照的，可推迟到 19 ～ 20 周龄。鸡群一经开始产蛋就应自由采食，直到产蛋高峰后 2 周停止。

（12）体重与均匀度的测定

①均匀度测定：鸡群的均匀度是指群体中体重落在平均体重 ±10% 范围内鸡只所占的百分比。鸡群均匀度在 70% ～ 76% 时为合格，77% ～ 83% 时为较好，达到 84% ～ 90% 时为最好。若鸡群内的体重差异较小，说明鸡群发育整齐，性成熟也能同期化，开产时间一致，产蛋高峰期高且维持时间长。在评定鸡群均匀度时，必须根据标准体重范围评价育成鸡群体的优劣，全群鸡必须均匀一致。

②体重测定：轻型鸡从 6 周龄开始每隔 1 ～ 2 周称重 1 次，中型鸡从 4 周龄后每隔 1 ～ 2 周称重 1 次。称测体重的鸡只数量万只鸡按 1% 抽样，小群按 5% 抽样，但不能少于 50 只鸡。注意：抽样要有代表性。对于笼养鸡，必须在鸡舍的不同区域抽样，不同层次均要抽取，且每层笼取样数量相等。体重测定安排在相同时间内进行。例如周末早晨空腹测定，称完体重以后再喂料。

（三）产蛋鸡饲养管理

产蛋期一般为 21 ～ 72 周龄，高产鸡推迟到 76 周龄或 78 周龄。此阶段的主要任务是在客观条件许可的范围内，最大限度地减少或消除各种不利因素对蛋鸡的有害影响，尽可能创造一个利于鸡群高产、稳产的适宜生活环境，充分发挥蛋鸡的生产性能，获取最大的经济效益。

产蛋鸡每天必须有 14 ～ 16 小时的光照时间，最短不少于 13 小时，最长不超过 17 小时。产蛋期间增加光照时间以每周 15 分钟或每两周 0.5 小时的增长速率为好，直到 16 小时为止。白壳蛋鸡人工补充光照时，光照强度以 10 lx 为好；灯距 3 m、高 2 m，25 w 灯泡 1 个。褐壳蛋鸡以 15 lx 为好；灯距 3.0 ～ 3.5 m、高 2 m，40 w 灯泡 1 个，灯泡最好安上灯罩，并经常擦拭，以免灰尘遮光。

产蛋鸡舍适宜温度是 20℃～ 25℃，相对湿度为 60% ～ 65%。产蛋鸡舍的通风量，按蛋鸡的体重、气温高低进行调节。

1. 阶段饲养法

蛋鸡产蛋期间的阶段饲养是根据鸡群的产蛋水平和产蛋周龄将产蛋期分为几个不同的阶段，并根据环境温度的不同饲喂不同营养水平的蛋白质、能量日粮，科学饲养，使蛋鸡饲养更趋于合理并减少饲料蛋白质的消耗，提高蛋鸡养殖的经济效益。

①产蛋前期的饲养管理：产蛋前期母鸡的繁殖功能旺盛，代谢强度大，摄入的营养物质主要是用于产蛋，此时鸡的抵抗力差，很易感染疾病，应加强防疫卫生工作，但要避免接种疫苗和驱虫。母鸡的产蛋率每周增加 20% ～ 30%；平均体重每周要增加 30 ～ 40 g，蛋重每周增加 1.2 g 左右。这一时期饲料营养水平必须满足产蛋需求，一定要喂给营养完善、品质优良的日粮。注意提高日粮中蛋白质、代谢能和钙的浓度。每日每只鸡需要供给优质蛋白质 18 g。

②产蛋高峰期的饲养管理：一般将蛋鸡开产后产蛋率达到 80% 以上的时期称为产蛋高峰期。一般可持续 6 个月或更长。高峰期的产蛋率与全年的产蛋量呈正相关，因而必须想方设法提高高峰期母鸡的产蛋率，并且维持产蛋高峰期的时间，以提高鸡群的产蛋量。

③产蛋后期的饲养管理：当鸡群产蛋率下降到 80% 以下时，就应逐渐转入产蛋后期的饲养管理，目的是使产蛋率尽量保持缓慢的下降，且要保证蛋壳的质量。主要措施是给蛋鸡提供适宜的环境条件，保持环境的稳定、对产蛋高峰过后的鸡进行限制饲养、蛋鸡淘汰前 2 周将光照时间增加到 18 小时。

2. 产蛋鸡季节管理

不同季节的温度、湿度等环境因素有很大差别，为了减轻环境变化对母鸡产蛋量的不良影响，蛋鸡不同季节的饲养管理应采取相应的措施。

（1）春季

重点是防止气温突然变化给鸡群造成不良影响，同时必须加强卫生防疫管理。采取的措施如下：

①根据产蛋率的变化情况，及时调整日粮的营养水平，使之适合产蛋变化时鸡只的营养需求。

②防止因刮大风、倒春寒等现象造成鸡舍温度发生剧烈变化和鸡舍内气流速度过急引起的冷应激。在注意保暖的同时要适当通风换气，根据气温高低和风向决定开启窗户的次数。

③在初春时节对鸡场进行一次大扫除，并进行一次彻底的环境消毒工作，笼养鸡，要及时清除鸡笼下面的鸡粪，以减少疫病发生的机会。

④在鸡场周围种植树木和花草，在鸡舍周边种植攀缘植物，为夏季的防暑工作打好基础。

（2）夏季

管理的核心是防暑降温，并保证蛋鸡营养的足够摄入。采取的管理措施如下：

①尽量减少鸡舍所受到的辐射热和反射热。鸡舍房顶建筑材料采用隔热材料，鸡舍向阳面和房顶涂成白色，鸡舍内装有吊棚。在鸡舍周围种植遮阳树木、攀缘植物，搭遮阳凉棚。在每天中午 12 时至下午 3 时，向鸡舍屋顶、外墙及附近地面喷洒凉水。

②加大鸡舍内的换气量和气流速度。采取纵向通风，使鸡舍内的平均气流速度达到 1 m/s 以上，加强鸡舍内热量的排出。

③降低进入鸡舍的空气温度，当温度超过 30℃时，采用湿帘和喷雾降温法。

④降低鸡的饲养密度，一般笼养鸡可以减少 20% 左右。

⑤根据鸡群采食量的变化及时调整日粮营养水平。饲料中添加 1% ～ 1.5% 的贝壳粉、牡蛎粉等。在日粮中添加抗热应激的添加剂，例如可用 3% ～ 5% 的油脂代替日粮部分能量饲料，增加鸡只的净能摄入量。在饲料中添加 0.03% 的维生素 C 或者 0.5% 的碳酸氢钠、1% 的氯化铵，同时，可以在饮水中添加补液盐等，以缓解热应激反应。

⑥调整饲喂方法，可采用两头饲喂法。在早晨天亮后 1 小时和傍晚后两个采食高峰期进行饲喂，有条件者也可以进行半夜加料。

⑦密闭鸡舍从上午 10 时到下午 5 时关灯停饲，让鸡只休息，进行夜间饲喂。保证足够的饮水器和清洁的清凉饮水。

⑧适当提高日粮蛋白质水平，例如粗蛋白质 18.4%，蛋氨酸 0.45%，蛋氨酸＋胱氨酸 0.91%，赖氨酸 0.85%。

⑨及时清除鸡粪。

（3）秋季

秋季昼夜温差大，注意气温变化，防止鸡舍温度突然降低；注意人工补充光照；同时，要注意消灭蚊子和苍蝇等。采取的措施如下：

①对开放式鸡舍，注意补充人工光照，防止鸡群发生换羽。对于产蛋后期开始换羽的母鸡，进行一次选择和调整，尽早淘汰换羽和停产较早的鸡只。

②在当年小母鸡尚未开产、老母鸡已经停产或产蛋率很低时，进行疫苗接种或驱虫，避免影响产蛋量。

③早秋天气闷热，降水量较大，鸡舍内湿度较高，白天要加强通风；深秋昼夜温差较大，做好防寒保暖工作，适当降低鸡舍的通风换气量，避免冷空气侵袭鸡群而诱发呼吸道疾病。

④入冬前进行一次大扫除和大消毒，搞好环境卫生，消灭各种有害昆虫。

（4）冬季

注意防寒保暖，一般要求鸡舍温度不低于10℃；防止贼风侵袭，避免冷空气直接吹向鸡体。必要时，可以采取供暖措施。在保持鸡舍温度的前提下，进行合理的通风换气。在饲料调配上，适当提高饲料的能量水平等。采取的管理措施如下：

①入冬前要维修鸡舍，保持屋顶、门窗、墙壁等的密闭性能，所有窗户钉上透明度好的塑料薄膜，以利于防寒。鸡舍门上挂上棉门帘，鸡舍屋顶铺设稻草、麦秸等。在鸡舍内用塑料布加吊顶棚。

②淘汰过于瘦弱的鸡只，尽量将其余鸡只调整到上、中层集中饲养。

③人工补充光照，总的光照时间不少于16小时。

④在保温的同时注意通风换气，选择每天中午温度升高、风力较小的时间通风换气，将南面向阳的窗户打开，每天2～5次，每次10分钟。

⑤调整日粮营养，提高日粮能量水平。

⑥适当增加鸡群的喂料量，其增加量相当于温和季节日喂料量的10%左右。

（四）蛋种鸡饲养管理

1. 种母鸡饲养管理

（1）种鸡的饲养

饲养种鸡的目的是繁殖尽可能多的合格种蛋，并提高这些种蛋的受精率与孵化率，孵出的雏鸡体质健壮。

（2）饲养方式和饲养密度

饲养方式与饲养密度和鸡的体形大小等密切相关，种用母鸡的饲养方式、不同饲养方式下的饲养密度为：

①全地面垫料平养：种鸡养在地面垫料上，自然交配繁殖，5只母鸡配1

个产蛋箱。采用大型吊塔式饮水器或安装在鸡舍两侧的水槽供水，采用吊式料桶或料槽、链式料槽、弹簧式料盘、塞索管式料盘等喂料。轻型蛋鸡饲养密度为每平方米 5.3 只，中型蛋鸡饲养密度为每平方米 4.8 只。

②离地网上平养：种鸡养在离地约 60cm 的铝丝网或竹（木）条板上，自然交配繁殖。供水及喂料设备与全地面平养方式相同。轻型蛋鸡饲养密度为每平方米 8.3 只，中型蛋鸡饲养密度为每平方米 7.1 只。

③网平混合饲养：鸡舍两侧在离地约 60cm 高处用铝丝网或竹（木）条板，中间为垫料地面，约占 1/3 面积。自然交配繁殖，设备同全地面平养方式。轻型蛋鸡饲养密度为每平方米 6.3 只，中型蛋鸡饲养密度为每平方米 5.3 只。

④笼养人工授精：种母鸡养在产蛋种鸡笼中，种公鸡养在种公鸡笼里，采用人工授精方式获取种蛋，这是我国多数蛋种鸡场普遍采用的饲养方式。轻型蛋鸡饲养密度为每平方米 22 只，中型蛋鸡饲养密度为每平方米 20 只。

⑤种鸡小群笼养：笼子规格不同，饲养种鸡数也不同。较为常见的笼子规格为：笼长 3.9 m，宽 1.94 m，养 80 只母鸡和 8～9 只公鸡。采用自然交配，种蛋从斜面底网滚到笼外两侧的集蛋处，不用配产蛋箱。

（3）不同饲养方式的鸡群管理措施

①全地面垫料饲养：保持垫料的清洁和干燥，保证种鸡的健康；防止地面蛋。地面蛋通常较脏，另外破损率较高，易造成经济损失。破损蛋在幼龄鸡群不可超过 2%，在老龄鸡群中不可超过 3%；配备足够数量的产蛋箱，产蛋箱不足可造成母鸡在地面上产蛋。产蛋箱应保持幽暗，在鸡舍中横向放置。

②条板—垫料地面饲养：防止地面蛋。在鸡开始产蛋时，饲养员要训练鸡在产蛋箱中产蛋。刚开始不要铺过多的垫料，待日后逐渐增加；垫料区通风。在炎热的夏天，不要用板状材料围住垫料区两侧的挡板，应使用金属网，以增加空气的流通；预防鸡在条板上产蛋。饲养员在开产前打开产蛋箱，对鸡进行诱导，避免在条板上产蛋。

③全条板地面饲养：防止鸡群惊飞。用重量较轻的金属网或尼龙丝网每隔一定距离横向悬挂于鸡舍中，防止鸡在舍内随意飞。条板地面鸡舍中产蛋箱的底部离条板近一些，防止母鸡产"地面蛋"。鸡的饲养密度大，活动量较小，容易导致体重增加，因此管理过程中实施限制饲喂显得更为重要。

④金属网地面饲养：金属网丝应粗、绷紧并应支撑良好以使其平整，否则影响种鸡的交配而使受精率降低；金属网眼大小为 2 cm×5 cm。网的放置应使网眼的槽径沿鸡舍的纵向。金属网应用 12.5～14.0 号金属丝，保持金属

网的平整，使鸡群分布均匀。金属网应有一定斜度，有利于鸡的配种，受精率较高。

2. 种公鸡饲养管理

雏鸡的质量是由种用母鸡和公鸡共同决定的，尽管公鸡的数量远远少于母鸡，但在遗传上却担负了 50% 的作用。特别是在自然交配的情况下，即使一只公鸡不良，也会影响一定比例的母鸡产蛋的种用价值。因此，对种用公鸡的饲养管理绝对不能忽视。

（1）种公鸡的选择和培育

①种公鸡的选择：特别适用于人工授精的公鸡群，若全年实行人工授精的种鸡场，应留有 15% ～ 20% 的后备公鸡和补充新公鸡。

第一次选择时间为 6 ～ 8 周龄，选留个体发育好、冠髯大而鲜红的小公鸡，淘汰外貌有缺陷，如胸骨、腿部和喙弯曲，嗉囊大而下垂，胸部囊肿者；第二次选择时间为 17 ～ 18 周龄，选留发育良好、体重符合品种标准、腹部柔软，按摩时有性反应（翻肛、交配器勃起和排精）的公鸡；第三次选择时间为 20 周龄，根据精液品质和体重进行选留，淘汰排精量很少和不排精的公鸡。

②种公鸡饲养管理：在育成期，可以采用平养，增加公鸡的运动量，增强它们的体质。尽量避免把育成期的公鸡放一块饲养，聚集多了它们就会相互争斗啄咬受伤。种公鸡的食料一定要充足，饲养达到 200 天后，食料要保持稳定的增加量，防止种公鸡变瘦，体重下降。当然加料要循序渐进，不能让它暴饮暴食，以免造成精子活力下降。种公鸡尾毛比较脏，为了不影响它精液的质量，要定时剪除尾毛。一般十天剪一次就行了。需要注意的是，在交配的当天不要剪毛。为了保证精液的活力，提高受精率，还需要经常对种公鸡的精液进行测定。一旦发现哪只鸡的精子活力弱了甚至死精，就应该果断淘汰掉。为了储备充满活力的生力军，鸡龄超过一年的种公鸡，可以考虑淘汰掉，更换新公鸡。种公鸡在采精日也需要科学喂料，可以在早晨喂一次料，采精后喂一次料，中间的时间就不要让它进食了，这样做的目的是减少采精时精液中混入鸡粪而影响受精。

（2）公母鸡比例

公母鸡适当的比例取决于种鸡类型和饲养方式。繁殖种鸡群中公鸡过多或者过少都会降低受精率。开始饲养时，公鸡所占比例应稍高，因为在育成过程中部分公鸡将被淘汰。

（3）种公鸡的营养

一般都使用母鸡饲料。因为在平养条件下，公母鸡混群饲养，难以分别实施公鸡和母鸡的单独饲喂；在笼养条件下也是以母鸡的饲料为基础，在种用期间适当提高日粮蛋白质和维生素的含量。

①小公鸡营养需要：日粮蛋白质含量在育雏期为 10% ～ 18%，育成期为 12% ～ 14%；维生素和微量元素可参考母鸡的饲养标准。

②配种期种公鸡营养需要：日粮中的蛋白质为 11% ～ 12%；钙为 1.0% ～ 3.7%，磷为 0.65% ～ 0.80%。饲养实践中建议钙的用量为 1.5%，如果种用期间采精频率高，可用 12% ～ 14% 的蛋白质日粮，若氨基酸平衡则无须再加任何动物性蛋白质。

③种公鸡的管理：繁殖期间人工授精的公鸡必须单笼饲养，否则会出现应激反应从而影响精液品质；成年公鸡在 20℃ ～ 25℃ 环境下可产生理想的精液。夏季高温天气时必须采取有效的降温措施以提高公鸡精液品质；育雏期相对湿度为 65% ～ 70%，从第 2 周开始调节为 55% ～ 60%；从育成期至育成后期（17 周龄以后），光照时间维持每天 8 小时的恒定光照，育成后期以后，每周增加 0.5 小时光照，直至 12 ～ 14 小时。每月检查体重 1 次，以保证繁殖期公鸡的健康和产生优质精液。凡体重降低幅度在 100g 以上的公鸡，应暂停采精和延长采精间隔（5 ～ 7 天采精 1 次）并另行饲养。一般在 6 ～ 9 日龄进行断喙。断喙有助于减少啄癖，并减少育雏和育成期的伤亡。自然交配时公鸡必须断趾，即断内趾及后趾第一关节，以免配种时抓伤母鸡。

3. 种鸡群的净化及强化免疫

（1）生物学隔离

①种鸡场址的选择：种鸡场应完全隔离，远离其他养禽场、城市等；祖代鸡场和父母代鸡场均应采用全进全出制，不能与商品代鸡场交换人员和材料；谢绝参观，特别是在 48 小时内接触过其他鸡场的人员。

②进入鸡场人员的消毒：进入种鸡场的人员必须淋浴（包括药浴），进入鸡舍前必须换鞋和新的工作服，洗手和戴帽；离开鸡舍时，要再次洗手和更换衣服。在鸡舍内外所穿工作服的颜色应相同；种鸡场的管理人员和工人不得在家饲养家禽或玩赏鸟类，不得接触其他家禽。

③鸡场贮藏室要求：鸡舍和用于存放蛋盘、垫料、饲料等物品的贮藏室应设有防鸟、防鼠装置。每次应使用新的蛋盘和蛋箱垫料，不可重复使用。

④车辆的消毒：进入鸡场的车辆应反复冲洗车体，车轮要过消毒池，按指定路线行驶，并停放于指定位置；饲料运输车在运输之前 24 小时内不得与其他鸡场接触。

⑤物料的消毒：进入鸡场的物料，可冲洗的应在入口冲洗并用药液浸泡，

净水冲洗晾干后进入；不可冲洗的在入口处除去外包装，运往熏蒸室熏蒸消毒；饲料中不含沙门菌，进入鸡舍前也应进行熏蒸消毒。

⑥废弃物的处理：妥善处理死鸡和其他废弃物，不得造成污染。

（2）种鸡场的检测与疾病净化

种鸡场鸡群的疾病和免疫效果应通过适当方法进行检测和控制，对于一些通过种蛋垂直传播的疾病，更应定期检测，淘汰阳性反应个体甚至鸡群，提高种源的质量。

饲养员应注意观察鸡群行为，如果发现精神不振、不爱活动、眼睛流泪、呼吸道声音异常、拉稀、发育不良等异常情况的鸡只，应尽快报告兽医，并对症状进行进一步的观察处理；对饲料和饮水量、种鸡增重情况、产蛋和死亡率等指标应进行精确记录，并注意比较分析，通过观察数据尽早发现疾病或其他异常情况；鸡场兽医对通过眼睛观察和数据记录认为有发病可能的鸡只进行剖检。既要剖检自然死亡的鸡，又要剖检淘汰鸡；在实验室进行细菌或病毒培养，以找出病原，注意保证样品的干净，防止交叉污染，以免导致诊断错误；通过血清学监测，了解雏鸡中母源抗体的种类、水平和均匀度。了解种鸡本身的免疫效果，确认种鸡中有无通过种蛋传染到下一代鸡的疾病，达到净化该类疾病的目的。

（3）严格按照免疫程序做好各种疫苗的接种确保种鸡后代具有较高的母源抗体，提高雏鸡的抗病力。

4.强制换羽

强制换羽的方法有很多，有的用化学药物（在日粮中加入高含量的锌）的方法，但最常用的效果比较稳定的是控制给水、给料和改变光照时间等常规方法。适宜的换羽措施，应该达到迅速换羽、恰当减轻体重和低死亡率的目的。羽毛脱落速度：强制换羽 7～10 天后，小羽应大部脱落；10～20 天，主翼羽开始脱落。失重率一般以 30% 左右为宜。死亡率整个强制换羽期间平均为 3.7%（1.0%～6.1%）。换羽期 60 天左右，从开始强制换羽时算起。如果鸡群健康状况良好，第一个产蛋周期的产蛋水平也较高，一般经 7～9 周后，全群产蛋率可达 50% 以上。

（1）强制换羽前鸡群的准备工作

为减少换羽期的死亡率，应在强制换羽前，将病弱鸡、体重轻的和低产蛋鸡淘汰；对已经自然换羽的鸡，应挑出单独饲养，促进产蛋，以减少因换羽而造成的死亡；在实施强制换羽的前 1～2 周，根据当地疫病的流行情况，对选留鸡只进行新城疫等免疫接种；将选留的鸡只随机抽样称重，抽样数量为群体的 2%～5%。根据鸡群平均体重的分布状况，将鸡只分为若干个小群体，同类鸡安置在同列笼内；分群数量应根据鸡群体重的均匀度确定，体重均匀度高（大于 75%）的鸡群，可将鸡群按体重大小分为大、中、小三个类群；体重均匀度低的鸡群（小于 75%），按体重大小分为最大、较大、中等、较小等四个类群。

（2）强制换羽方法

①化学法强制换羽：在经过挑选和免疫的鸡群日粮中，按 2.5% 的比例加入氧化锌，或按 4.0% 的比例加入硫酸锌。当鸡采食高锌日粮后食欲急剧下降，采食量显著减少，2～3 天后日采食量降至 20 g 左右。高锌日粮持续饲喂 7～8 天，鸡的体重会降低 25% 左右。如果体重下降不足 25%，可以继续饲喂高锌日粮。当鸡群体重下降 25% 时，就应停喂含锌日粮，然后改喂蛋鸡高峰料。在饲喂高锌日粮期间不必停水。

化学法强制换羽恢复供料的程序、饲喂含锌日粮时期的光照程序与饥饿法类似。

②饥饿法强制换羽：饥饿强制换羽法见表 2-1。

表 2-1 饥饿强制换羽法

项目	方法
饥饿期管理	a. 在饥饿期开始时实施断水，除炎热的夏季外都可施行，一般断水时间最多为 3 天，具体使用时间依当时鸡群的情况而定。 b. 在断水的同时停止给料，停料的天数应根据鸡只体重降低的情况而定，要求体重降低 25%～30%。
恢复供料程序	第一天每只鸡给料 30 g，以后逐日增加 10 g 左右，当增至 100 g 后，便可任鸡自由采食；所饲喂饲料的蛋白质含量不低于 17%，且含硫氨基酸应占日粮的 0.7%，有助于旧羽毛的脱换和新羽毛的生长。
光照管理	a. 在停止水、料的当天，应将光照时数由原来的每天 16 小时左右减至 6～8 小时，直至完全恢复饲喂。 b. 恢复饲喂后，光照时数以每周 2 小时的速度递增，一般增至 16 小时即可，恒定地维持到第二产蛋期结束之时。

三、人员管理

①对新参加工作、临时参加工作的人员需进行上岗卫生安全培训。

②定期对全体职工进行各种卫生规范、操作规程的培训。

③生产人员和生产相关管理人员至少每年进行一次健康检查，新参加工作和临时参加工作的人员，应经过身体检查取得健康合格证后方可上岗，并建立职工健康档案。

④进生产区必须穿工作服、工作鞋，戴工作帽，工作服必须定期清洗和消毒。每次鸡周转完毕，所有参加周转人员的工作服应进行清洗和消毒。

⑤各鸡舍专人专职管理，禁止各鸡舍间人员随意走动。

第三章 生猪生态养殖技术

第一节 生猪生态养殖

生态养猪就是运用生态学原理、食物链原理、物质循环再生原理、物质共生原理，采用系统工程方法，在适宜猪繁殖生长的环境下，在一定的养殖空间和区域内，通过相应的技术和管理措施，把养猪业与农、林、渔业及其他生态环境有机结合起来，有效开发利用饲料资源的再循环，降低废弃物排放的科学养猪方式。

生态养猪涉及生态猪场设计与建设、生态猪场管理规范、终端产品评价、废弃物处理规范、节能减排效果及废弃物循环利用率等一系列问题。解决这些问题，将有助于加快生态养猪的发展，推动我国养猪行业的健康、可持续发展。

随着规模化、集约化养猪生产的发展，伴随着生猪产业生产效率的提高，规模化、集约化养猪的很多问题也逐渐暴露出来。第一，疫病防制难度加大。随着种猪、猪肉及产品的流通，目前猪的疫病种类在增加，危害严重。在养殖过程中抗生素长期不适当的使用，许多病菌的耐药性增强，增加了治疗难度，多种病原混合感染使得临床诊断困难。第二，生猪生产过程废弃物对环境的污染日趋严重。生猪生产过程产生的大量粪便、污水，伴随这些废弃物产生的臭气，氮、磷超标，重金属残留等问题，如未有效处理，将对环境造成很大破坏。第三，环境应激难以消除，猪肉消费安全很难保证。规模化、集约化养殖为了提高生产效率，采用了限位饲养、单槽单圈饲喂等形式，严重地限制了猪的活动范围。水泥地式的猪床无法满足猪拱土觅食的习惯，高密度的饲养增加了猪的争斗和恃强凌弱等现象，全封闭式的圈舍在通风和保温的矛盾中无法找到平衡点等，这些生产方式对猪的健康产生了严重的影响。

生态养猪一方面包括生产过程对环境友好，即环保；另一方面，包括生产过程对动物友好，促进动物健康，即动物福利。只有同时满足这两个方面的养猪生产才能构成猪与环境的和谐。生态养猪为了实现环境友好的目标，通常需要通过在农场或区域范围内建立循环利用猪废弃物的种植或其他养殖单元；为了实现对动物友好、提高动物健康水平的目标，需要采用合适的养殖密度和提供良好、舒适的栏舍环境条件。这样的生产工艺通常能使畜产品既环保又安全。

第二节 生态生猪养殖模式

一、生态养猪模式遵循的基本原则

随着我国养猪业的快速发展，养猪数量在快速增长，养猪的方式也在向规模化、集约化、工业化方向进行转变。规模化、集约化、工业化所采用的养猪方式并不一定能符合猪的生态特点和环境保护要求。如猪群的密度非常大，有的猪台设计不能合理地满足猪的生存和活动空间，对猪的活动加以很大的限制；猪群大范围、大规模的流动，使猪的传染病人为地扩散；有些养猪场农牧业不结合，养猪所形成的粪便不能很好地处理等，成为严重污染环境的污染源等。这些问题在不同程度上使环境受到污染和养猪生态被破坏，猪的疾病增多，养猪生产不能稳定，养猪生产的可持续发展受到阻碍。

几十年来我国发展养猪业的经验和教训，使我们充分认识到，在发展生态养猪生产时必须充分考虑两个方面的问题：第一是要充分满足猪个体对生存和生活条件的要求，使它们充分发挥生产的潜能，良好、健康地生存；第二是要满足人类对养猪的需求，以最低的投入，取得较好的养猪效益，并且不会因为养猪而使人的居住环境受到影响。因此，发展生态养猪不仅仅是为了保护环境，发展好养猪也是生产安全猪肉的必要条件。

不论建立何种生态养猪模式，都必须遵循以下几个基本原则。

第一，在人类的长期培育下，现代猪品种已不具备野猪所具有的在不良条件下自我生活的能力。因此，人类必须不断完善和改进饲养猪的方法以满足猪能够发挥高生产性能所必需的生活、营养和生理需要比较高的要求，这是发展生态养猪必须解决好的问题之一。

第二，按照生态学和生物学原理，建立起生态养猪循环圈。在经济和劳动力许可的条件下，尽可能地选择适当的生物参与生态养猪的循环圈，增加生态养猪有关的生产内容。按生态学中所需要的增加养猪生产中的生态环，使在养猪生产过程中所提供的物和能，以及产生的一切排泄物，都能通过各个生态环中的生物活动得到充分利用，进而生产出更多有益的产品，并获得最佳的生态、经济和社会效益。

第三，实现猪、农、林、渔、副相结合，达到可持续发展的要求，并能促进养猪业的发展，有利于猪的疾病控制和防疫。养猪的规模不能随心所欲地确定，要按照当地养猪的可容纳量，来确定发展的数量。

第四，利用好养猪所产生的废物，如用粪便进行厌氧发酵生产沼气及其他的发酵产物，沼气、沼渣和沼液是很好的农村能源和农业肥料。

二、生态养猪的基本模式

（一）发酵床式生态养猪

以农作物副产物、锯末等作为猪床垫料，形成发酵培养基，通过降解猪粪及生成生物热来提高环境温度（特别是猪床的体感温度），满足猪拱土觅食的生物学特性，缓解环境应激等。提高猪群的饲料转化率和降低对抗生素、化学药品的依赖程度，达到提高猪肉及其制品的安全和经济效益的目的。

发酵床式生态养猪模式具有降低环境污染、提高猪群健康状况、提高饲料转化率和经济效益等特点。但是，在生产实际中，发现发酵床式生态养猪模式存在发酵垫料的选择、发酵工艺的问题。这两方面的问题成为制约发酵床式生态养猪模式进一步推广的瓶颈。

（二）舍饲—放牧生态养猪模式

舍饲—放牧形式的生态养猪主要是伴随着认证制度的发展而发展起来的。自 20 世纪 80 年代以来，世界养猪业面临疫病流行和肉质变差的压力越来越大。因此，以苜蓿、麦秸等牧草和农作物副产物为代表的降低饲粮养分含量和集约化养猪形式开始出现。在仔猪生产工艺中，单纯的户外养猪对仔猪的成活、均匀度等有着较负面的影响。因此，在舍饲—放牧模式中，以公司或合作社为龙头，公司或合作社凭借技术优势完成商品仔猪的生产工作，农户充分利用树林、山地、草场和草坡等空闲土地，依托劳动力优势完成商品猪育肥工作。在这个模式下所生产的猪肉品质满足了人们对"安全、优质"的消费需求，开创了生态养猪新模式。

（三）沼气能源生态模式

在养猪生产中，产生的大量粪便可注入一定形式下的沼气生产池中，通过微生物的作用，产生沼气并将沼气作为能源应用于养猪生产；沼液作为园艺作物的灌溉营养液，能够提高产量，沼渣作为有机肥可以施于农作物。

1. 猪—沼—鱼—果—粮模式

猪粪便入沼气池产生沼气，沼液流入鱼塘，最后进入氧化塘，经净化后再排到稻田灌洒。利用沼气渣、鱼塘泥做肥料，施于果园。建立多层次生态良性循环，构成一个立体的养殖结构，可以有效开发利用饲料资源的再循环，降低生产成本，变废为宝，减少环境污染，防止猪流行性疾病的发生，获取最佳的经济效益。

2. 猪—沼—草模式

猪的排泄物进入沼气池进行厌氧发酵做无害化处理，沼液抽到牧草地进行灌溉。将牧草收割后，经过加工调制，如干燥、粉碎成草粉，或者打浆成发酵饲料饲喂猪。这样，既节省了饲养成本，改善了猪的肉质，能够取得良好的经济效益。

在我国北方，漫长的冬季是养猪—沼气模式的主要制约因素。因此，在生产实践中，以养猪为基础，以太阳能为动力，以沼气为纽带，将日光温室、猪台、沼气池和厕所有机地结合在一起，四者相互依存、优势互补，构成"四位一体"能源生态综合利用体系，从而在同一块土地上实现产气和产肥同步，种植和养殖并举的发展态势。

第三节　猪场环境与生物安全控制技术

近年来，我国规模化养猪获得了迅速的发展，但由于猪的数量多，饲养密度高，运动范围小，不少养殖场粪便随地堆积，污水任意排放，严重污染了周围的环境，也直接影响着养殖场本身的卫生防疫，降低了畜产品的质量，为某些疫病的发生和传播提供了有利条件。为此，如何根据猪的生物学特性，通过完善猪场内外布局和猪舍内部的工艺设计等一系列措施，给猪群提供一个良好的生长和繁育的环境显得至关重要。

一、猪场生物安全的概念与意义

（一）生物安全的概念

生物安全体系就是为阻断病原微生物侵入动物群体、保障动物健康而采取的一系列动物疫病综合防制措施。该体系重点强调环境因素在保障动物健康中所起的决定性作用，也就是使动物生长在最佳的生长环境体系中，以便发挥其最佳的生产性能。通过建立生物安全体系，采取严格的隔离消毒和防疫措施，消除养殖场内的病原微生物，减少或杜绝动物群体的外源性感染机会，从根本上减少动物对疫苗和药物的依赖，从而实现经济、高效预防和控制疫病的目的。

（二）生物安全的意义

生物安全措施在养猪生产中的应用，可以防止猪病的发生与传播，保证猪安全生产及猪肉的安全性，提高养猪的经济效益，促进养猪业的发展。

疾病是影响猪的性能和限制养猪效益的主要因素之一。在 20 世纪 80 年代后，新的猪病不断出现，而且通过药物来控制疾病变得越来越困难，费用也越来越高，因此生物安全预防措施得到了高度重视。由于疾病造成的损失，远比防制措施花去的成本多得多，所以集约化猪场必须严格执行一套综合的生物安全措施，从而最大限度地防止疾病传入和在猪场内传播。

对于养猪生产者和兽医来说，防止病原侵入是一项长期、艰巨的任务。一旦发生疾病感染，猪群健康会受到影响，猪场就会蒙受经济损失。因此养猪生产者必须为自己的猪场设计一套有效的生物安全系统，这不仅关系到自身利益，也关系到养猪同行的利益。良好的生物安全措施可防止疾病从一个猪场传到另一个猪场。

二、环境对生猪生产的影响

（一）猪场环境质量

1. 植树种草绿化环境

猪场周围和场区空闲地植树种草（包括蔬菜、花草等），如在猪场内的道路两侧种植行道树，猪舍之间栽种速生、高大的落叶树（如水杉、白杨树等），场区内的空闲地遍种蔬菜和花草。有条件的猪场最好在场区外围种植 5～10 m 宽的防风林。这样在寒冷的冬季可使场内的风速降低 70%～80%，在炎热的夏季气温下降 10%～20%，还可使场内空气中有毒、有害的气体减少 5%～25%，尘埃减少 30%～50%，空气中的细菌数减少 20%～40%。

2. 搞好粪污处理

一个年产 1 万头生猪的规模化猪场，每天排放出猪粪污水达 100～150 吨。这些高浓度的有机污水，若得不到有效的处理，囤积在场，必然造成粪污漫溢，臭气熏天，蚊蝇滋生，其中的病原微生物，还可能给猪群带来二次污染。如果随意将粪污排放到江、河、池塘内，污水中含有的超标酸、碱、酚、醛和氯化物等，可致鱼、虾死亡，使植物枯萎。因此，如果忽视或没有搞好猪场的粪污处理，不仅直接危害到猪群的健康，也影响到附近人们的生产和生活。

（1）固体粪便

固体粪便比较容易处理，可直接出售给农户做肥料或饵料，亦可进行生物发酵，生产出猪粪生物有机肥。这种肥料除了保持猪粪本身的肥效外，其中的有益菌还能起到除臭、除湿、杀灭病原微生物的作用。若同时加入相应的菜粕、多种微量元素，还可制成高效的生物有机肥。这样不仅可消除污染源，还能创造出可观的经济效益。为此，要求规模化猪场应以人工清粪为主，少用水冲栏圈，实行粪水分离，这样还可提高猪粪有机肥的产量和质量。

（2）液体粪便

液体粪便是从各幢猪舍的沟渠集中排放到污水池内的高浓度污水。为了净化这类污水，人们做了很多探索。一般来讲，首先要进行固、液分离（可用沉淀法、过滤法和离心法等），将分离出的固体部分做干粪处理；液体部分再进行生物氧化、厌氧处理或用于人工湿地。

（3）在养殖场内修建沼气池

用沼气工程技术处理猪粪便，既能有效解决场内生活能源问题，又能获得农业生产所需的有机肥料，改善养殖场内环境，具有良好的经济、生态和社会效益。

（二）猪舍环境质量

根据猪的生物学特性，小猪怕冷、大猪怕热、大小猪都不耐潮湿，还需要洁净的空气和一定的光照。因此规模化猪场猪舍的结构和工艺设计都要围绕着这些问题来考虑。而这些因素又是互相影响、相互制约的。例如，在冬季为了保持舍温，门窗紧闭，但造成了空气的污浊；夏季向猪体和猪圈冲水可以降温，但增加了舍内的湿度。由此可见，猪舍内的小气候调节必须进行综合考虑，以创造一个有利于猪群生长发育的环境条件。

1. 温度

温度在环境诸因素中起主导作用。猪对环境温度的高低非常敏感，主要表现在：仔猪怕冷，低温对新生仔猪的危害最大，若裸露在 1℃ 环境中 2 小时，便可冻僵、冻昏，甚至冻死，即使成年猪长时间在 −8℃ 的环境下，可冻得不吃不喝，浑身发抖，瘦弱的猪在 −5℃ 时就冻得站立不稳。同时，寒冷是仔猪黄痢、白痢和传染性胃肠炎等腹泻性疾病的主要诱因，还能诱发呼吸道疾病。试验表明，保育猪若生活在 1℃ 以下的环境中，其增重比对照减缓 4.3%，饲料报酬降低 5% 左右。在寒冷季节对哺乳仔猪舍和保育猪舍应添加增热、保温措施。在寒冷季节，成年猪的舍温要求不低于 10℃，保育舍应保持在 18℃为宜。2～3 周龄的仔猪需 26℃，而 1 周龄以内的仔猪则需 30℃的环境，至于保育箱内的温度还要更高一些。

春、秋季节昼夜的温差可达 10℃以上，易诱发猪的各种疾病，因此在这期间要求适时地关、启门窗，缩小昼夜温差。成年猪耐热性能较差，当气温高于 28℃时，体重在 75 kg 以上的猪可能出现气喘现象。若超过 30℃，猪的采食量明显下降，饲料报酬降低，生长速度缓慢。当气温高于 35℃，又不采取任何防暑降温措施时，个别育肥猪可能发生中暑、妊娠母猪可能引起流产、公猪的性欲下降，精液品质不良，并在 2～3 个月都难以恢复。

在炎热的夏季，对成年猪要做好防暑降温工作。如加大通风，给以淋浴，加快热的散失，降低猪密度，以减少舍内的热源，这样可以有效地提高肥育猪、妊娠母猪和种公猪的生产性能。

2. 湿度

湿度是指猪舍内空气中水汽含量的多少，一般用相对湿度表示。猪的适宜相对湿度范围为 65%～80%，试验表明，温度在 14℃～23℃，相对湿度 50%～80% 的环境下最适合猪生存。生长速度快，育肥的效果好。猪舍内的湿度过高影响猪的新陈代谢，是引起仔猪黄痢、白痢的主要原因之一，还可诱发肌肉、关节方面的疾病。为了防止湿度过高，首先要减少猪舍内水汽的来源，少用或不用大量水冲刷猪圈，保持地面平整，避免积水，设置通风设备，经常开启门窗，以降低室内的湿度。

3. 空气

规模化猪场由于猪的密度大，猪舍的容积相对较小而密闭，猪舍内蓄积了大量的二氧化碳、氨气、硫化氢和尘埃。猪舍空气中有害气体浓度控制线为二氧化碳 1 500 mg/L、氨 20 mg/L、硫化氢 10 mg/L。空气污染超标往往发生在门窗紧闭的寒冷季节。猪若长时间生活在污染超标的环境中，极易感染或激发呼吸道疾病，如猪气喘病、传染性胸膜肺炎、猪肺疫等，污浊的空气还可引起猪的应激综合征，表现出食欲下降、泌乳减少、狂躁不安或昏昏欲睡、咬尾嚼耳等现象。

保持猪舍清洁干燥是减少有害气体产生的主要手段，通风是消除有害气体的重要方法。当严寒季节保温与通风发生矛盾时，可向猪舍内定时喷雾过氧化类的消毒剂，其释放出的氧能氧化空气中的硫化氢和氨，起到杀菌、降臭、降尘、净化空气的作用。

4. 光照

适当的光照可促进猪的新陈代谢，加速其骨骼生长并杀菌消毒。试验证明，繁殖母猪的光照增至 60 ～ 100 lx，可使繁殖率提高 4.5% ～ 8.5%，使新生仔猪窝重增加 0.7 ～ 1.6kg，使仔猪的育成率提高 7.7% ～ 12.1%。哺乳仔猪和育成猪的光照度提高到 60 ～ 70 lx，可使仔猪的发病率下降 9.3%；哺乳母猪栏内每天维持 16 小时左右的光照，可诱使母猪早发情。一般母猪、仔猪和后备猪舍的光照度应保持在 50 ～ 100 lx，每天光照 14 ～ 18 小时，公猪和育肥猪每天应保持光照 8 ～ 10 小时，但夏季要尽量避免阳光直射到猪舍内。

三、生态猪场的规划与设计技术

（一）猪场的选址

1. 选址的原则

猪场址的选择，应根据猪场性质、生产特点、生产规模、饲养管理方式及生产集约化程度等方面的实际情况，对地势、地形、土质、水源，以及居民点的位置、交通、电力、物质供应及当地气候条件等进行全面考虑。

生态猪场建设，通常需要建立与养猪相匹配的另一个或多个单元，进行养分循环利用，最大限度实现养分平衡。生态猪场址选择，周边的农业生产状况是选址的重要考虑因素。

猪场的选址和建设要符合当地政府的畜禽养殖区划。如果政府未划定养殖区和禁养区，在场址的选择上，应尽量选择在偏远地区、土地充裕、地势高而干燥、背风、向阳、水源充足、水质良好、排水顺畅、污染治理和综合利用方便的地方建场。猪场建设要以养殖规模的大小和饲养方式来确定，猪栏的结构模式要提高土地利用率。养殖区应充分考虑周围环境对粪污的容纳能力，把养殖污染物资源化、无害化，形成与当地种植业相结合的生态种养模式。过去许多集约化猪场过多考虑运输、销售等生产成本而忽视其对环境的潜在威胁，往往将场址选择在城郊或靠近公路、河流水库等环境敏感的区域，以致产生了严重的生态环境问题，有些甚至危害到饮用水源的水质安全。最后不得不关闭和搬迁，造成不必要的损失。

（1）地势

地势应高燥，地下水应在 2 m 以下，地势应避风向阳；猪场不宜建于山坳和谷地以防止在猪场上空形成空气涡流；地形要开阔整齐，有足够的面积，一般按可繁殖母猪每头 40 ～ 50 m²、商品猪 3 ～ 4 m² 考虑。地面应平坦而稍有缓坡，以利排水，一般坡度在 1% ～ 3% 为宜。

（2）土质

要求土壤透气透水性强，吸湿性和导热性小，质地均匀，抗压性强，且未受病原微生物的污染；沙土透气透水性强，吸湿性小，但导热性强，易增温和降温，对猪不利；黏土透气透水性弱，吸湿性强，抗压性低不利于建筑物的稳固，导热性小；沙壤土兼具沙土和黏土的优点，是理想的建场土壤，但不必苛求。

（3）水源水质

猪场水源要求水量充足，水质良好，便于取用和进行卫生防护。水源水量必须能满足场内生活用水、猪饮用及饲养管理用水（如清洗调制饲料、冲洗猪舍、清洗机具、用具等）的要求。

（4）电力交通

电力供应对猪场至关重要，选址时必须保证可靠的电力供应，并要有备用电源；猪场必须选在交通便利的地方。但因猪场的防疫需要和环境保护的考虑，不能太靠近主要交通干道。

（5）防疫和环保

最好离主要干道 400 m 以上；一般距铁路与一级、二级公路不应少于400 m，最好在 1 000 m 以上；距三级公路不少于 200 m；距四级公路不少于100 m；同时，要距离居民点、工厂 1 000 m 以上。如果有围墙、河流、林带等屏障，则距离可适当缩短些；距其他养殖场应在 1 500 m 以上；距屠宰场和兽医院宜在 2 000 m 以上。禁止在旅游区及工业污染严重的地区建场。

（二）猪场的布局

猪场的建设分为生产辅助区及设施、生产区，生活区和粪便污水处理区。按照生产流程和防疫要求，辅助区包括门卫、道路、供水供电、围墙、饲料场、排水排污和绿化等。道路对生产活动正常进行，对卫生防疫及提高工作效率起着重要的作用。场内道路应净、污分道，互不交叉，出入口分开。自设水塔是清洁饮水正常供应的保证，应安排在猪场最高处。

生产区建筑主要包括各类猪舍、更衣室、消毒室、药房、病死猪处理室、出猪台等，一般建筑面积占全场总建筑面积的 70%～80%。种猪舍要求与其他猪舍隔开，形成种猪区。种猪区应设在猪场的上风向，种公猪在种猪区的上风向，防止母猪的气味对公猪形成不良刺激，同时可利用公猪的气味刺激母猪发情。配种舍要设有运动场，分娩舍既要靠近妊娠舍，又要接近培育猪舍。育肥猪舍应设在下风向，且离出猪台较近。在生产区的入口处，应设专门的消毒间或消毒池，以便进入生产区的人员和车辆进行严格的消毒。

生活区包括办公室、接待室、财务室、食堂、宿舍等，一般设在生产区的上风向或与风向平行的一侧。此外猪场周围应建围墙或设防疫沟，以防兽害和避免闲杂人员进入场区。

粪便污水处理区包括化粪池，污水处理设施，粪便堆积场等，这些建筑物应远离生产区，设在下风向、地势较低的地方，以免影响生产猪群。

（三）猪舍建筑

在建筑物内实行舍饲猪主要是为了向动物提供一个良好的环境氛围来提高生产力和改善其健康和舒适状况；建筑物还可提供更好的工作条件，利于粪便管理和防治鼠虫害。建筑物是控制诸如太阳辐射、降水、泥浆、风、温度、相对湿度和污染物这些重要环境因素的第一道设施。根据猪的生物学特性和不同生理阶段的要求，合理建造猪舍，让猪生长好，发育快，减少疾病发生和饲料耗费有重要意义。

1. 猪舍的建筑式样

（1）单列式猪舍

这种猪舍建筑形式在我国传统的养猪生产中占有重要地位，即在移动猪舍内，猪栏排成一列，根据形式又可分为带走廊单列式与不带走廊单列式两种。单列式猪舍投资少、结构简单、维修方便，且通风透光，因此非常适合于养猪专业户及其他规模较小的养猪场。

单列式猪舍根据其屋顶的形式又可分为单坡式、双坡式、平顶式、拱式和联合式等。单坡式猪舍屋顶前檐高，后檐低，屋顶向后排水，这种结构通风透光，但保温性差；双坡式猪舍屋顶中间高，前后檐高度相等，两面排水，其通风透光及保温性能均较好，但造价比单坡式猪舍高；平顶式猪舍屋顶一般用钢筋混凝土制成，因此其造价较高，其隔热性能和排水性能均较差，但这种猪舍的结构牢固，可抵御风沙的侵袭，因此在北方较为适用。

单列式猪舍根据墙的设置又可分为开放式和半开放式两种。开放式猪舍三面设墙，一面无墙；半开放式猪舍三面设墙，一面为半截墙。

（2）双列式猪舍

双列式猪舍内有南北两列猪栏，中间有一条通道或南北中三条走道。这种猪舍结构紧凑，容量大，能充分地利用猪舍的面积，且便于管理，其劳动效率比单列式猪舍高，因此较适合规模较大、现代化水平较高的猪场所使用。但这种猪舍跨度较大，结构复杂，造价较高，尤其是北面的猪栏采光较差，冬季寒冷，不利于猪群的生长和繁殖。

（3）多列式猪舍

多列式猪舍即舍内有三列或三列以上的猪栏，这种猪舍容纳的猪数量多，猪舍面积的利用率高，有利于充分发挥机械的效率，因此多为大型的机械化养猪场所采用。但是，多列式猪舍南北跨度较大，采光、通风差，舍内的空气污浊，不适合于南方地区夏季的高温、高湿。

2. 猪舍的建筑要求及其结构

不同类型的猪，所使用的猪舍有不同的建筑要求。肥猪舍有单列式和双列式两种，每栏的使用面积在 12 ～ 16 m²，每栏饲养育肥猪 15 ～ 20 头，隔栏的高度为 0.8 ～ 0.9 m，每栏的舍外部分设有 12 ～ 16 m² 的运动场。在建筑结构上大体如下：

①地基：猪舍不是高层建筑，对地基的压力不会很大，因此除了淤泥、沙土等非常松软的土质以外，一般中等以上密度的土层均可以作为猪场的地基。

②基础：基础是猪舍的地下部分，也是整个猪舍的承重部分。基础深入地下的程度由建筑物的大小、地基的种类、地下水的高低以及冻土层的深度等所决定。在任何情况下，基础都必须高于地下水位 0.5 m。

③墙脚：墙脚是墙壁与基础之间的过渡部分，一般比室外的地面高出 20 ～ 40 cm，在墙脚与地面的交接处应设置防潮层，以防止地下或地面的水沿基础上升，使墙壁受潮。通常可用水泥砂浆涂抹墙脚。

④墙壁：猪舍的墙壁要求既坚固耐用，又要具有良好的隔热保温性能，保护舍内的小环境不受外界气候急剧变化的影响。在我国多采用草泥、土坯、砖以及石料等材料建筑猪舍。草泥或土坯墙的造价低且具有良好的隔热保温性能，冬暖夏凉，但是很容易被暴雨或大水冲蚀，一般只适合于气候干燥地区。石料墙坚固耐用，但保温性能很差。砖墙坚固耐用，且保温防潮，是较为理想的猪舍墙体。砖墙的结构可分为实心墙和空心墙两种。实心墙坚固耐用，但造价较高；空心墙不及实心墙坚固，但其造价低廉，且具有良好的隔热保温性能。若在空心墙体中再填充稻草、谷壳等隔热材料，则可以获得更好的保温效果。

⑤屋顶：猪舍的屋顶要求结构简单、坚固耐用、排水便利，且应具有良好的保温性能。在我国多采用稻草、瓦、预制板、泥灰、石棉瓦等材料修建屋顶。草料的屋顶造价低，且具有良好的保温性能，但不耐久，且防火性能差。瓦、预制板、石棉瓦等修造的屋顶坚固耐用，但造价较高，且保温性能不及草料。

⑥地面：猪舍的地面要求坚实平整、无缝隙，保暖性能好，有一定的弹性，不透水，且具有适当的坡度，易于清扫和消毒。在我国多采用土、砖、石料水泥等修建地面。土质地面包括夯实黏土地面和三合土（黄土、煤渣、石灰）地面。这种地面的造价低，且保温性能好，地面柔软，但容易渗水，

地面不易保持平整，不利于清扫和消毒。砖砌地面坚固耐用，保温性能良好，但是如果施工不当，地面不平整，则砖缝易渗水，不易清扫和消毒，容易造成地面的污染和受潮。石料水泥地面坚固、平整、耐酸碱，不透水，易于清扫和消毒，但地面硬度大，导热性大，不利于猪的生长，且地面的造价高。

⑦门窗：猪舍门的设置首先应保证猪群的自由出入，以及运料和出粪等日常生产的顺利进行，因此猪舍的门一般不设门槛，也不应设台阶，而应建成斜坡状，以免猪群出入时损伤蹄脚。门窗是猪舍通风散热的重要部分，门窗的设计应密实且保温性能好，在冬季的主风向应少设窗或不设窗。

3. 猪舍面积

猪舍需有一定的大小，以给猪群（圈栏空间）、猪的运动区域（通道）、病猪隔离区域、饲料储存地等提供足够的空间。猪圈的面积过小会导致应激从而降低动物的生产力恶化健康和舒适状况。猪舍的容积决定猪舍的高度，通道地坪至天花板的猪舍高度，不低于 3 m，猪舍的容积应当因地制宜。

4. 猪舍的合理性

在一个系统生产的猪场里，所有的建筑物都需要按一定的规格营造，为的是每幢建筑物容纳的能力都与整个猪生产系统的容量匹配。精确地决定每幢建筑物容纳的数量需要对猪由小到大辗转各级猪舍的过程做非常详尽的分析，并准确地估计猪的受胎率、出生率、生长率、死亡率及测定诸如清洗等管理操作所耗费的时间。猪场每座建筑物在动工之前应对其容量的大小做出详细的设计规划。

配置猪场内各建筑物时，须考虑猪舍间猪群搬迁的便利性。母猪的周转是从配种怀孕猪舍迁到产子舍，然后返回配种舍。仔猪则从产房转到培育舍，再到生长舍、育肥舍，最后被出售。建筑物和各间猪舍的布置需符合这种动迁流程。产仔猪舍通常置于配种妊娠猪舍与保育猪舍之间，以有利于母猪和仔猪分别向两个方向迁移。

5. 环境控制

人们根据养猪的需求和本地的气候特征来设计不同环境的猪舍。为获得最佳生产力，各生长阶段的猪，需要不同的环境。因此，每幢猪舍，都需要专门设计，以适合其所养猪的类型。越年幼、越小的猪对环境越敏感，在提供精细环境、高度绝热并实施机械通风的猪舍里，生产成绩最好。较大的、成熟的猪在较敞开的、自然通风的猪舍里常常也能获得优良的生产成绩。炎热气候中的种猪群是个例外，尤其是种公猪，热应激会大大降低其受精率，对它们往往要用降温系统。

控制猪周围环境的首要手段之一是在猪舍的屋顶、天花板、墙壁及地基装置隔热层。在想要控制温度的地方，例如寒冷气候中饲养小猪和中猪的猪舍，总是需要隔热的。隔热可将猪体散发的热量留在猪舍内，有助于增温。隔热对饲养成年猪的猪舍也是有帮助的，因为它减少辐射热对猪的负担，并减少猪舍的内表面上的水汽冷凝。从屋顶或天花板投射到猪体的辐射热是个重点问题，特别是在烈日当空的天气。当太阳照射到屋顶表面时，可使屋顶表面温度达到 65℃之高。这种热量传到屋顶内面，然后直接辐射到猪的身上。如在屋顶下面安装隔热层，就能大大减少抵达猪体的热量。

除了屋顶、天花板和墙壁的隔热之外，猪舍周围的地基设置隔热层也是有帮助的。对隔热来说，这是个重要的区域，因为猪就生活在这个区域，而混凝土或砖块地基的隔热性能很差。在紧靠地基外侧地面下约 60 cm 处设置防水泡沫绝缘体（厚约 5 cm）有助于使猪的睡眠区域保持一定的温度。在猪睡眠的区域上方 1 ～ 2 m 处安置一套保温器，使得猪在寒冷的气候中更为舒适，这样可减少贼风及减少冰冷建筑物表面辐射给猪体的寒气。

所有的猪舍都需要不断地通风，以移除热量、水汽、灰尘、气体及病原体，在寒冷的气候中亦然。欲达到良好的通风设计，需考虑两个重要的因素。一是通过猪舍恰如其分的气流（通风）速率；二是均匀地散布清新空气到猪舍的所有区域，并使新鲜空气与室内原有空气充分地混合。通风率必须足以移除热量、水汽和污染物，而又不至于使室内气温降幅过大。换气率取决于舍养猪的种类、大小和数量，以及外界气温。

（四）猪舍设施

为了提高养猪场的生产效率和便于养猪生产操作，应按照猪的生长规律，对所采用主要设备的基本要求，以及选材、规格、制造和安装要有所了解。

1. 猪场常用设施与设备

随着科学技术的发展，工厂化养猪设备得到不断改进和完善，由于各地的实际情况和环境气候等的不同，对所选设备的规格、型号、选材等也有所不同。在经济条件不富裕或养猪自然环境较好的地区，不强求安装先进的设备，其猪场建设与设备应以"土洋结合"为主。

2. 猪床设计

猪床指猪躺卧的地面，地面材料的导热性对猪的影响较大。猪床必须保持干燥外，还应使猪床向粪尿沟方向保持一定的坡度，猪床的坡度以 1°～ 3°为宜。各种地面最好有防水层，因潮湿的水泥地面热量损失为干燥水泥地面的 2 倍。猪床表面应当平整，不留坑洼和尖利的碎石，但又不要抹得太光滑，以免猪打滑。

3. 排污系统

排除粪便系统由粪便支沟、主沟、化粪池、沼气池组成。

一般粪沟宽度为 40 ~ 60 cm，以最宽的铁铲能进入铲粪为宜。沟深在 15 ~ 20 cm。使用水冲清粪便时，沟向储粪池方向应有 1°左右的坡度。一般推荐粪沟设在猪栏下；明沟应设盖板或漏缝地板。

4. 饲槽与饮水设备

（1）猪槽的设计

乳猪补料诱食槽各式各样，以防乳猪进入食槽为根本。

仔猪（保育猪）饲槽，每栏以 10 ~ 20 头猪为宜（约 2 窝猪为一群）。

育成猪（育肥猪）饲槽，每栏以 8 ~ 16 头猪为宜。槽应靠走道，尽可能长，以混凝土建成，槽内光滑或粘贴瓷砖。小猪饲槽以中号钢筋将槽以每 20 ~ 30 cm 为间隙隔成小格，以便猪充分采食，避免争抢。除限位栏以外，群养母猪栏的饲槽也参照前项修建。

猪槽的一端可以敞开或预留大孔，以便清洗消毒。

（2）猪饮水设备

我们大力提倡使用和推广鸭嘴式饮水器，它的好处在于喝水充分以及饮水不受栏舍粪便等的污染，其安装的位置最好在栏圈后方距地面 20 cm（乳仔猪）和 40 cm（其他猪）高处，每 8 ~ 10 头猪配 1 个饮水器。如该栏圈既要养仔猪又要养其他大猪，应同时安装以上要求的两个饮水器。农村小规模散养母猪栏应附设运动场，其地面设置如前所述，运动场应配置饮水器。

给水标准为每头猪每天应给水 12 ~ 18 L（平均 15 L），饮水器的流量应为 1.5 L，水中细菌数不大于 30 万 / 毫升，pH 6 ~ 8 为好。饮水设备主要是鸭嘴式饮水器，10 ~ 15 头猪 1 个（至少每栏 2 个），保育舍高度分别为 30 ~ 35 cm（杯式饮水器高度为 15 cm），育成舍高度分别为 45 cm 和 60 cm，倾斜 45°。

四、管理措施

（一）隔离措施

动物疫病传播有三个环节：传染源、传播途径、易感动物。在动物防疫工作中，只要切断其中一个环节，动物传染病就失去了传播的条件，就可以避免某些传染病在一定范围内发生，甚至可以扑灭疫情，最终消灭传染病。但对规模养殖场来说，消灭传染源、保护易感动物只是防疫工作的两个重要方面，只有做好隔离工作，切断传播途径才是防止动物重大疫情发生的最关键措施。

1. 自然环境隔离

建场选址应离开交通要道、居民点、医院、屠宰场、垃圾处理场等有可能影响猪防疫因素的地方，养殖场到附近公路的出路应该是封闭的500m以上的专用道路；场地周围要建隔离沟、隔离墙和绿化带；场门口建立消毒池和消毒室；场区的生产区和生活区要隔开；在远离生产区的地方建立隔离圈舍；圈舍要防鼠、防虫、防兽、防鸟；生产场要有完善的垃圾排泄系统和无害化处理设施等。山区、岛屿等具有自然隔离条件的地方是最理想的场址。

2. 规模养殖场要建立严格的隔离机制

一般规模养殖场都设有隔离措施，往往达不到预期效果。因为这些隔离都建在生产区的范围内，与养殖场的人员、道路、用具、饲料等方面存在各种割不断的联系，形同虚设。建议重新认识隔离的含义，建立真正意义上的、各方面都独立的隔离，重点对新进场猪、外出归场的人员、购买的各种原料、周转物品、交通工具等进行全面的消毒和隔离，为了安全生产，规模养殖场要贯彻"自繁自养、全进全出"的方针，避免引进患病和带毒猪，避免将患病和带毒猪遗留到下一批。引进种用猪要慎重，绝对不能从有疫情隐患的单位引进种猪；新引进的猪要执行严格检疫和隔离操作，确属健康的才能混群饲养。禁止养殖场的从业人员接触未经高温加工的相关猪产品。要从以下几个方面做好严格防疫隔离。

猪场大门必须设立宽于门口、长于大型载货汽车车轮一周半的水泥结构的消毒池，并装有喷洒消毒设施。人员进场时应经过消毒人员通道，严禁闲人进场，把好防疫第一关。

生产区最好有围墙和防疫沟，并且在围墙外种植荆棘类植物，形成防疫林带，只留人员入口、饲料入口和出猪舍，减少与外界的直接联系。

生活管理区和生产区之间的人员入口和饲料入口应以消毒池隔开，人员必须在更衣室沐浴、更衣、换鞋，经严格消毒后方可进入生产区，生产区的每栋猪舍门口必须设立消毒脚盆，生产人员经过脚盆再次消毒工作鞋后进入猪舍，生产人员不得互相"串仓"。

外来车辆必须在场外经严格冲洗消毒后才能进入生活管理区和靠近装猪台，严禁任何车辆和外人进入生产区。

加强装猪台的卫生消毒工作。装猪台平常应关闭，严防外人和动物进入；禁止外人（特别是猪贩）上装猪台，卖猪时饲养人员不准接触运猪车；任何猪一经赶至装猪台，不得再返回原猪舍；装猪后对装猪台进行严格消毒。

如果是种猪场应设种猪选购室，选购室最好和生产区保持一定的距离，介于生活区和生产区之间，以隔墙（留密封玻璃观察窗）或栅栏隔开，外来人员进入种猪选购室之前必须先更衣换鞋、消毒，在选购室挑选种猪。

饲料由本场生产区外的料车运到周转仓库，再由生产区内的车辆转运到每栋猪舍，严禁将饲料直接运入生产区内。生产区内的任何物品、工具（包括车辆），除特殊情况外不得离开生产区，任何物品进入生产区必须经过严格消毒，特别是饲料袋应先经熏蒸消毒后才能装料进入生产区。有条件的猪场最好使用饲料塔，以避免已污染的饲料袋引入疫病。

场内生活区严禁饲养畜禽。尽量避免猪、狗、禽鸟进入生产区。生产区内肉食品要由场内供给，严禁从场外带入偶蹄兽的肉类及其制品。

休假返场的生产人员必须在生活管理区隔离两天后，方可进入生产区工作，猪场后勤人员应尽量避免进入生产区。

全场工作人员禁止兼做其他畜牧场的饲养、技术和屠宰贩卖工作。保证生产区与外界环境有良好的隔离状态，全面预防外界病原侵入猪场内。

要针对防疫工作建立完善的人员管理制度、消毒隔离制度、采购制度、中转物品隔离消毒制度等规章制度并认真实施，切断一切有可能感染外界病原微生物的环节。

饲养员认真执行饲养管理制度，细致观察饲料有无变质，注意观察猪采食和健康状态，排便有无异常等，发现不正常现象，及时向兽医报告。

采购饲料原料要在非疫区进行，原料进场后在专用的隔离区进行熏蒸消毒。杜绝使用经营商送上门的原料，杜绝运输相关动物及产品的交通工具接近场区。

生产人员进入生产区时，应洗手，穿工作服和胶靴，戴工作帽。工作服应保持清洁，定期消毒。

抓好绿化，做好防风，及降低各栋之间的细菌传播。

（二）消毒技术

猪场消毒可分为终端性消毒和经常性的卫生保护，前者指空舍或空栏后的消毒。后者指舍内和四周经常性的消毒（定期消毒，场区消毒和大员入场消毒等）。

1. 终端性消毒

产房、保育舍、育肥舍等每批猪调出后，要求猪舍内的猪必须全部出清，一头不留，对猪舍进行彻底的消毒可选用过氧乙酸（1%）、氢氧化钠（2%）、次氯酸钠（5%）等。消毒后需空栏 5 ～ 7 天才能进猪。消毒程序为：彻底清扫猪舍内外的粪便、污物、疏通沟渠；取出舍内可移动的部件（饲槽、垫板、电热板、保温箱、料车、粪车等），洗净、晾干或置阳光下暴晒；舍内的地面、走道、墙壁等处用自来水或高压泵冲洗；栏栅、笼具进行洗刷和抹擦；猪舍自然干燥后喷雾消毒（用高压喷雾器），消毒剂的用量为 1 L/m；要求喷雾均匀，不留死角；最后用清水清洗消毒机器以防腐蚀。入猪前一天再次喷雾消毒 1 次。

2. 经常性的卫生保护

（1）非生产区消毒

凡一切进入养殖场人员必须经大门消毒室，并按规定对体表、鞋底和人手进行消毒。大门消毒池长度为进出车辆车轮 2 个周长以上，消毒池上方最好建顶棚，防止日晒雨淋；并且应该设置喷雾消毒装置。消毒池水和药要定期更换，保持消毒药的有效浓度。所有进入养殖场的车辆必须严格消毒，特别是车辆的挡泥板和底盘必须充分喷透，驾驶室等必须严格消毒。办公室、宿舍、厨房及周围环境等必须每月大消毒一次。疫情暴发期间每天必须消毒 1 ～ 2 次。

（2）生产区消毒

生产人员（包括进入生产区的来访人员）必须更衣消毒沐浴，或更换一次性的工作服，换胶鞋后通过脚踏消毒池（消毒桶）才能进入生产区。生产区入口消毒池每周至少更换池水、池药 2 次，保持有效浓度。生产区内道路及 5 米范围以内和猪舍间空地每月至少消毒 2 次。售猪周转区、赶猪通道、装猪台及磅秤等每售一批猪都必须大消毒 1 次。更衣室要每周末消毒 1 次，工作服在清洗时要消毒。分娩保育舍每周至少消毒 2 次，配种妊娠舍每周至少消毒 1 次。育肥猪舍每 2 周至少消毒 1 次。猪舍内所使用的各种饲喂、运载工具等必须每周消毒 1 次。饲料、药物等物料外表面（包装）等运回后要进行喷雾或密闭熏蒸消毒。病死猪要在专用焚化炉中焚烧处理，或用生石灰和烧碱拌撒深埋。活疫苗使用后的空瓶应集中放入有盖塑料桶中灭菌处理，防止病毒扩散。

（3）消毒时应注意的问题

第一，消毒最好选择在晴天，彻底清除栏舍内的残料、垃圾和墙面、顶棚、水管等处的尘埃等，尽量让消毒药充分发挥作用。任何好的消毒药物都不可能穿过粪便、厚的灰尘等障碍物进行消毒。

第二，充分了解本场所选择的不同种类消毒剂的特性，依据本场实际需要的不同，在不同时期选择针对性较强的消毒剂。

第三，配消毒液时应严格按照说明剂量配制，不要自行加大剂量。浓度过大会刺激猪的呼吸道黏膜，诱发呼吸系统疾病的发生。使用消毒剂时，必须现用现配制，混合均匀，避免边加水边消毒等现象。用剩的消毒液不能隔一段时间再用。任何有效的消毒，必须彻底湿润欲消毒的表面，进行消毒的药液用量最低限度应是 0.3 L/m²，一般为 0.3 ~ 0.5 L/m²。

第四，消毒时应将消毒器的喷口向上倾斜，让消毒液慢慢落下，千万不要对准猪体消毒。

第五，不能混用不同性质的消毒剂。在实际生产中，需使用两种以上不同性质的消毒剂时，可先使用一种消毒剂消毒，60 分钟后用清水冲洗，再使用另一种消毒剂。不能长久使用同一性质的消毒剂，坚持定期轮换不同性质的消毒剂。

第六，猪场应有完善的各种消毒记录，如入场消毒记录、空舍消毒记录、常规消毒记录等。

（三）"全进全出"的饲养制度

1. "全进全出"的概念

"全进全出"是健康养殖中控制疾病的一种重要手段，即整个养殖场或整个猪栏同时进猪、同时出栏的一种养殖模式，其核心是病原菌的控制。某一阶段饲养结束后，清洗栏舍后彻底消毒，灭虫灭鼠，空栏。将病弱猪集中起来，相当于将病猪病原体集中起来，对患猪做有效处理，相当于对病原体进行有效处理。对猪群进行一次保健，以降低体内病原菌，提高机体抵抗力。

2. "全进全出"制度实施的必要性

（1）实施"全进全出"制度是防控疫病非常有效的手段

在猪病形势日益严峻化的今天，没有实施"全进全出"制度的猪场往往疫病比较多，主要原因是不同批次的猪有机会在一起，所以上一批次的猪所携带的病原又把下一批猪给感染了，造成交叉感染情况，这种现象在许多猪场的保育舍尤为多见。相反，如果能够实施"全进全出"制度，则一批猪全部转出去以后就可以空出一段时间（3 ~ 7 天）对猪舍进行充分的消毒，从而有效地切断了病原往下一批猪传播的途径，减少了疫病的发生。如与"多点式"隔离生产相结合，可将疫病带来的损失降低到最小。

（2）"全进全出"制度便于进行组织生产

同一批次猪日龄相近饲养在一起，这样就避免了同一栋猪舍的猪要喂不同种类和阶段的饲料的问题，也便于统一进行接种疫苗和驱虫，从而大大方便了生产管理。

（3）"全进全出"制度的实施有利于生产效益的提高

"全进全出"制度的实施，减少了猪群中疾病的发生，也就降低了药物与防疫费用，降低了生产成本，同时也提高了生产效率，有助于猪场生产效益的提高。

3. 如何确保"全进全出"制度的顺利实施

（1）运用小单元设计理念，合理设计猪舍

集约化猪场根据母猪的繁殖节律进行生产，拿一个万头猪场来说，每周都有27～28头母猪参加配种，25～26头的母猪分娩，225头左右的仔猪断奶并进入保育舍，213头左右的猪转入育肥舍，208头左右的猪出栏。根据上述理论，可以将产房设计成容纳26个产床的小单元，保育舍设计成容纳24个栏（每栏10头）的小单元，育肥舍设计成容纳22个栏（每栏10头）的小单元。避免将猪舍设计成大通间式的结构，这样虽说一栋猪舍内容纳的猪数多了，但是也给疫病的流行创造了条件，根本做不到"全进全出"。

如果是老猪场，也要对猪舍进行相应的改造，可以将原有的大通间结构从中间进行隔开，使其成为独立的小单元式猪舍。这里特别需要注意的是，不同小单元之间的排污一定要独立。另外，如果不能做到全场内每个阶段的猪都"全进全出"，最起码保证产房和保育舍内的猪做到"全进全出"。

（2）猪舍转空后消毒要彻底

同一栋猪舍内的猪全部转空后，如不进行彻底的消毒，那么"全进全出"也就丧失了其应有的意义。下面这种消毒方法可以参考。先用高压水枪将猪舍先冲洗干净，包括猪床、饲槽、走道、墙壁、天花板，特别是粪尿沟，然后用2%～3%的氢氧化钠（烧碱）溶液对猪舍进行喷雾消毒，再用高压水枪冲洗干净，接着用另外一种消毒剂（如复合醛类消毒剂）对猪舍进行喷雾消毒，然后再用高压水枪冲洗，最后用福尔马林和高锰酸钾进行密闭熏蒸消毒。消毒时间加空栏时间达到7天后重新进下一批猪。

（3）恰当处理猪群中的弱猪

对待猪群内没有达到转栏体重的弱猪，要根据实际情况进行恰当的处理。比如说，那些自身有无法治愈疾病的病猪，就要果断进行淘汰，治疗后无经济价值的猪也要进行淘汰，绝对不可将其留在原舍继续饲养。

（四）扑灭机制

猪场发生或怀疑有传染病时，及时而正确的诊断是防疫工作的重要环节，关系到能否正确实施防疫措施，减少损失。如不能正确诊断时，应尽快采取病料送有关业务部门检验，在未得出结果前，应根据初步诊断，采取相应紧急措施，防止疫病的蔓延及扩散。

1. 隔离

当猪群发生传染病时，应尽快做出诊断，明确传染病性质，立即采取隔离措施。隔离措施可根据猪发病数量而定，若发病猪少，可挑出病猪隔离到隔离舍或较偏僻的地方。若发病猪多，则可剔出健康猪进行隔离，发病猪留在原猪舍。有条件的猪场，最好在猪发病过程能将患病猪、疑似患病猪、假定健康猪分开，以便于观察、治疗和处理。一旦病性确定，对假定健康猪可进行紧急预防接种。隔离开的猪群要专人饲养，饲养管理用具要专用，人员不要互相串门。根据该种传染病潜伏期的长短，经一定时间观察不再发病后，经过消毒后解除隔离，隔离是防治传染病的重要措施之一。

2. 封锁

对发生及流行某些危害性大的烈性传染病时，应立即报告当地政府部门，划定疫区范围进行封锁。封锁要根据该疫病流行情况和流行规律，按"早、快、严、小"的原则进行。封锁是针对传染源、传播途径、易感动物群3个环节采取相应措施。在实施封锁时，要做到以下几点：第一是禁止易感动物进出封锁区，对必须通过封锁区的车辆和人员进行消毒；第二是对患病动物进行隔离、治疗、急宰或扑杀，对污染的饲料、用具、畜舍、垫草、饲养场地、粪便、环境等进行严格消毒，动物尸体应深埋、销毁或化制，未发病动物及时进行紧急预防；第三是对疫区周围威胁区之易感动物进行紧急预防，建立免疫带。封锁的解除，应在最后一头患病猪痊愈、急宰或扑杀后，根据该病的潜伏期，再无新病例发生时，经过全面消毒后，报请原封锁机关解除封锁。

3. 紧急预防和治疗

①一旦发生传染病，在查清疾病性质之后，除按传染病控制原则进行诸如检疫、隔离、封锁、消毒等处理外，对疑似病猪及假定健康猪可采用紧急预防接种，预防接种可应用疫苗，也可应用抗血清。为使得被接种猪能较快产生免疫力，在接种时疫苗可适当加大剂量，接种后对猪应加强观察，一般来讲，猪若未潜伏感染，通过紧急预防接种，能产生良好的免疫力。对有治愈希望的病猪，应及时进行治疗，以减少经济损失。

②在疫区应用疫苗紧急接种时，必须对所有受到传染威胁的猪逐头进行详细观察和检查，仅对正常无病的猪以疫苗进行紧急接种，对病猪及可能已受到感染的，不能再接种疫苗。由于在外表正常无病的猪中可能混有一部分潜伏期患猪，这一部分猪在接种疫苗后不能获得保护，反而促使它更快发病，因而在紧急接种后一段时间内猪群中发病数有增加的可能。但这些急性传染病的潜伏期较短，疫苗接种后很快产生抵抗力，发病数不久可下降，能使流

行很快停息。使用疫苗产生免疫力的时间比发生传染病的潜伏期短，进行疫苗的紧急接种，会收到良好的效果。治疗应与预防相结合，在治疗的同时，做好消毒及其他防疫工作，可达到防治结合的目的。

③治疗根据病原体分为特异性疗法、抗生素疗法和化学疗法。特异性疗法系应用针对某种传染病的高免血清（抗血清）、痊愈血清或全血等特异性生物制品进行治疗。如抗破伤风血清对治疗破伤风具有一定效果。血清治疗时，如为异种猪血清，注意防止过敏。抗生素疗法，应选用对病原体最敏感的药物，有条件最好做一下药敏试验，如革兰阳性菌可选用青霉素和四环素类，革兰阴性菌可选用链霉素、氯霉素。在应用抗生素治疗时，要考虑药物剂量要足，特别是起始剂量要大，但又不要滥用。化学疗法最常用的药物是磺胺类药物、抗菌增效剂及硝基呋喃类药物。磺胺类药可抑制多数革兰阳性菌和部分革兰阴性菌，而且对某些原虫（如弓形体）亦有较好防治作用，其与抗菌增效剂联合使用，效果更佳。硝基呋喃类药物对多种革兰阴性和阳性细菌有拮抗作用，这类药物性质比较稳定，多数细菌对其不易产生耐药性。

④淘汰病猪是控制和扑灭疫病的重要措施之一。某些传染病，尤其是病毒性传染病，迄今尚无良好的治疗药物；有一些病，虽然有药物可以治疗、但疗效不够理想或治疗需要很长的时间，在治疗上的费用要超过动物本身的价值；当病猪对周围人、畜有严重的传染威胁时，可以淘汰宰杀病畜。在一个地区，发现过去从未发生过的危害性较大的传染病时，为了防止疫病蔓延和扩散，也应果断地淘汰病畜。病畜的淘汰，应该在严密消毒的情况下进行。切防由于淘汰宰杀病畜过程由于处理、消毒不够严格，反而造成疫病扩散的后果。

五、猪场废弃物的处理

（一）猪场废弃物

1. 猪场废弃物的种类

一是固形物，主要包括猪排泄的粪便、废饲料、废弃垫料等。二是尿污等污水包括猪排泄的尿液、圈舍冲洗水和生活污水。三是病死猪尸体和解剖后猪的器官。四是特殊废弃物包括组织样品、过期失效药品、医疗废弃物等。

2. 猪场废弃物对环境的污染

（1）大气污染

养猪场臭气包括猪粪散发出的恶臭，猪的皮肤分泌物、黏附于皮肤的污物、外激素、呼出气体等产生的养猪场特有难闻气味外，还有废弃物腐败后分解释放出氨、硫化氢、甲基硫醇、三甲基胺等带有霉酸、臭蛋、臭腥等刺激性气味。这些臭气对养殖场（小区）周围的大气环境造成严重污染。这些臭气长年产生、长期存在，人长期生活在这种恶劣环境之中，会敏感恶心，导致内分泌紊乱，免疫力降低，影响身体健康。猪群体生产力下降、发病率升高。由猪场排出的大量粉尘携带数量和种类众多的微生物，并为微生物提供营养和庇护，大大增强了微生物的活力和延长了其生存时间，从而扩大了其污染和危害范围。尘埃污染使大气可吸入颗粒物增加，恶化了养猪场周围大气和环境的卫生状况，使人和动物眼睛和呼吸道发病率提高。微生物污染则可引起口蹄疫、猪肺疫、猪布氏菌病、真菌感染等疫病的传播，危害人和动物的健康。

（2）水体污染

目前我国许多养殖场没有对其排出的粪便污水进行任何处理而直接排放，造成蚊蝇滋生，细菌繁殖，疾病传播。随意排放的污水经地表面直接进入水域或进入农田，可使庄稼徒长、倒伏、结实率低，造成少收或无收等；水域中的藻类等生物则获得丰富的养分而大量繁殖，过多消耗水中的氧，严重影响鱼虾等水生动物生存，破坏水域生态；废弃物渗入地下还可造成地下水中的硝酸盐含量过高；病原微生物随粪便等污物进入水体后，以水为媒介进行传播和扩散，造成某些疫病的暴发和流行，殃及人和动物的健康，并带来经济损失。

（3）土壤污染

铜、锌作为猪的代谢促进剂，不论现在还是将来都仍然应用在养猪业中，因此铜、锌制剂在养猪业中的用量不可低估。粪便和污水中铜、锌含量超标的排放，一旦过量施入土壤，便会造成土壤成分发生改变，破坏了土壤的基本功能。

（二）猪场废弃物的处理

1. 废弃物处理原则
（1）经济化的原则

畜禽养殖业从总体上看利润率不高，而污染又相当严重，污染治理成本过高使养殖业难以发展，只有通过科技进步，在资源化和减量化的前提下，研制高效、实用和价格低廉的治理技术，才能真正实现畜禽养殖业的经济效益与环境保护的"双赢"。

自古以来，我国农民饲养的动物所排的废弃物都被储存在粪池中，在种植农作物中作为主要的肥料来源，这是典型的"水泡粪"发酵后还田的处理模式。鉴于我国畜禽养殖污染物排放量大的特点，在环境管理上，要强调资源化原则，即在环境容量允许的条件下，让畜禽废弃物最大限度地在农业生产中得到利用。

（2）减量化原则

通过多种途径，实施"饲料全价化、雨污分离、干湿分离、粪尿分离"等手段，削减废弃物的排放总量，减少处理和利用难度，降低处理成本。猪的品种和饲料日粮的搭配会影响到猪对饲料的利用率和排泄物中各营养元素的含量。配方合理化可提高饲料的利用率，减少猪粪便的排放量。通过投资制造有机肥设备，把粪便加工成有机肥。猪场最好建有盖蓄污池，不仅可以把雨水和污水分开，还可以有效减少粪污中氨的释放，保持较高的肥效。这也是环保压力大的重要原因。

2.废弃物的处理

（1）还田做肥

粪便经无害化处理符合要求后，可直接还田，也可生产商品有机肥还田，实现养种平衡。

（2）处理后排放

建设污水处理工程，通过固液分离后，对固体废弃物生产有机肥或其他无害化处理，对废液进行工程化处理，实现达标排放，这样的工艺成本非常昂贵，在国内外应用都非常少。

（3）其他污染物的处理

一般病死猪可在毁尸坑进行无害化处理；对感染国家一类传染病的死猪及其污染物，使用焚尸炉进行处理，应单独收集，有效隔离，按照法律法规的相关规定处理，并做好记录。特殊废弃物运输应进行有效包装，确保不造成污染。

第四章 奶牛生态养殖技术

第一节 奶牛生态养殖技术概述

一、我国奶牛生态养殖现状

目前我国已逐步建立起一些生态农业示范区，变废为宝，进行生态环境保护，建设资源节约型养殖企业，打造畜牧业循环经济链条。例如，位于山东泰安的某生态农业养牛示范基地，绿化面积达到 80%，奶牛饲养管理较好，对粪便进行无公害处理，整体环境清洁卫生，建立了"畜—肥—果（菜、渔、牧草）"生态农业模式，实现了废弃物资源化利用。该生态农业模式有以下 4 个特点：实现了由"高投入、低利用、高排放"向"低投入、高利用、低排放"的转变；由单一强调生产效益向兼顾生态经济的协调发展方式转变；由常规生产方式向物质循环和能量转换的生态乳业体系转变；由注重生产管理向注重生产、资源保护和农民利益等全方位管理转变。养牛场采取以"中心畜牧场 + 粪便处理生态系统 + 废水净化处理生态系统"的人工生态畜牧场模式。粪便固液分离，固体部分进行沼气发酵，建造适度的沼气发酵塔和沼气储气塔以及配套发电附属设施，合理利用沼气产生的电能。发酵后的沼渣可以改良土壤的品质，保持土壤的团粒结构，使种植的瓜、菜、果、草等产量颇丰，池塘水生莲藕、鱼产量大，田间散养的土鸡风味鲜美。利用废水净化处理生态系统，将奶牛场的废水及尿水集中控制起来，进行土地外流灌溉净化，使废水变成清水循环利用，从而达到奶牛场的最大产出。据统计，3 000 头的养牛场，每天可产牛粪 150 t、产生沼气 2 250 m^3，可用来发电 2 500 kw，发电量满足了整个奶牛场的设施和养殖人员的生活需求，创造了巨大的环境效益和经济效益。

河北省某奶牛养殖场将牛粪施于葡萄种植园，又将葡萄酿酒之后剩下的副产品酒糟作为奶牛的上等饲料（可提高奶牛单产及牛奶乳脂率），达到了"双赢"效果。这样的生态系统，改善了周围的环境，减少了人畜共患病的发生，保持了环境处于生态平衡中。这种循环经济有利于畜牧业的健康持续发展，可以为其他大型养牛场起到示范带动作用。

二、奶牛生态养殖的概念和意义

（一）奶牛生态养殖的概念

破解畜牧业发展与环境保护这一"两难"的问题，关键出路在于生态和健康养殖。生态与健康养殖有二个方面的含义：一是生态，就是构建良性循环的生产系统，使系统内的物质和能量被有效循环利用，使废弃物减量化、无害化、资源化；二是健康养殖，就是遵循畜禽生物特性进行科学养殖，提高畜禽健康水平，提升养殖效益和产品质量。生态养殖与健康养殖是相辅相成、相互促进的，其关键环节在于废弃物的综合利用和养殖环境的科学控制。

（二）奶牛生态养殖的意义

与传统养殖模式不同，生态与健康养殖能合理利用土地和环境资源，有效防止养殖污染，变废为宝，综合利用，既保护了环境又提高了产出，实现经济效益、社会效益、生态效益的同步提高。

奶牛生态养殖是一个跨学科行业，涉及养牛学、动物营养学、环境卫生学、生物学与土壤肥料学等学科。它是传统养牛业发展到一定阶段而形成的又一个亮点，是养牛业可持续发展的需要。该模式可以充分利用奶牛的生物习性和环境变化规律，恢复奶牛的自然属性，体现了动物福利的要求，做到科学利用、互相促进，低投入、高产出、少污染的良性循环。

第二节 奶牛生态养殖场的设计与建设

一、奶牛场及养殖小区选址与设计

（一）选址

原则上应符合当地土地利用发展规划，与农牧业发展规划、农田基本建设规划等相结合，科学选址，合理布局。另外，还要符合以下条件：应建在地势高燥、背风向阳、地下水位较低，具有一定缓坡而总体平坦的地方，不宜建在低洼、风口处；水源应充足并符合卫生要求，取用方便，能够保证生产、生活用水；土质以沙壤土、沙土较适宜，黏土不适宜；气象要综合考虑当地的气象因素，如最高温度、最低温度、湿度、年降水量、主风向、风力等，选择有利地势；交通便利，但应离公路主干线不小于 500 m；周边环境应位于距居民点 1 000 m 以上的下风处，远离其他畜禽养殖场，周围 1 500 m 以内无化工厂、畜产品加工厂、屠宰厂、兽医院等容易产生污染的企业和单位。

（二）布局

奶牛场（小区）一般包括生活管理区、辅助生产区、生产区、粪污处理区和病畜隔离区等功能区。具体布局应遵循以下原则：

1. 生活管理区

包括与经营管理有关的建筑物。应在牛场（小区）上风处和地势较高地段，并与生产区严格分开，保证 50 m 以上距离。

2. 辅助生产区

主要包括供水、供电、供热、维修、草料库等设施，要紧靠生产区布置。干草库、饲料库、饲料加工调制车间、青贮窖应设在生产区边沿下风地势较高处。

3. 生产区

主要包括牛舍、挤奶厅、人工授精室等生产性建筑。应设在场区的下风位置，入口处设人员消毒室、更衣室和车辆消毒池。生产区奶牛舍要合理布局，能够满足奶牛分阶段、分群饲养的要求，泌奶牛舍应靠近挤奶厅，各牛舍之间要保持适当距离，布局整齐，以便防疫和防火。

4. 粪污处理、病畜隔离区

主要包括兽医室、隔离畜舍、病死牛处理及粪污储存与处理设施。应设在生产区外围下风地势较低处，与生产区保持 300 m 以上的间距。粪便污水处理、病畜隔离区应有单独通道，便于病牛隔离、消毒和污物处理。

二、牛舍设计及建设

（一）牛舍类型

按开放程度分为全开放式牛舍、半开放式牛舍和封闭式牛舍。全开放式牛舍结构简单，无墙、柱、梁，顶棚结构坚固。一般在我国中部和北方等气候干燥的地区采用较多。半开放式牛舍三面有墙，向阳一面敞开，有顶棚，在敞开一侧设有围栏。牛舍的敞开部分在冬季可以遮拦封闭，适宜于南方地区。封闭式牛舍有四壁、屋顶，留有门窗，目前在我国各地区都有采用。

另外，按屋顶结构分为钟楼式、半钟楼式、双坡式和单坡式等；按奶牛在舍内的排列方式分为单列式、双列式、三列式或四列式等。

（二）牛舍的建设

牛舍是牛生活的重要环境和从事生产的场所。所以，建设牛舍时必须根据牛的生物学特性和饲养管理及生产上的要求，创建适合牛的生理要求和高效生产的环境。

牛舍内的牛在不停地活动，工作人员在进行各种生产劳动，不断地产生大量热量、水汽、灰尘、有害气体和噪声。同时，由于内部结构和设施的原因，舍内外空气不能充分交换，易造成舍内空气温度、湿度常比舍外高，灰尘和有害气体甚至高出很多，构成了特定的小气候。为了保证人、畜的健康和奶牛高度的生产力，在建筑牛舍时，结构、设施各方面都应符合卫生要求。

1. 牛舍的结构

（1）基础

应有足够的强度和稳定性，坚固，防止地基下沉、塌陷和建筑物发生裂缝倾斜。具备良好的清粪排污系统。

（2）墙壁

墙壁要求坚固结实、抗震、防水、防火，具有良好的保温和隔热性能，便于清洗和消毒，多采用砖墙并用石灰粉刷。

（3）屋顶

屋顶能防雨水、风沙侵入，隔绝太阳辐射。要求质轻、坚固耐用、防水、防火、隔热保温，能抵抗雨雪、强风等外力因素的影响。

（4）地面

牛舍地面要求致密坚实，不打滑，有弹性，便于清洗消毒，具有良好的清粪排污系统。

（5）牛床

牛床应有一定的坡度，垫料应有一定的厚度。沙土、锯末或碎秸秆可作为垫料，也可使用橡胶垫层。

（6）门高

门高不低于 2 m，宽 2.2 ～ 2.4 m，坐北朝南的牛舍，东西门对着中央通道，百头成年奶牛舍通到运动场的门不少于 3 个。

（7）窗

窗能满足良好的通风换气和采光。窗户面积与舍内地面面积之比，成年奶牛为 1 : 12，犊牛为 1 : (10 ~ 14)。一般窗户宽为 1.5 ~ 3.0 m，高 1.2 ~ 2.4 m，窗台距地面 1.2 m。

（8）牛栏

牛栏分为自由卧栏和拴系式牛栏两种。自由卧栏的隔栏结构主要有悬臂式和带支腿式，一般使用金属材质悬臂式隔栏。拴系饲养根据拴系方式不同可分为链条拴系和颈枷拴系，常用颈枷拴系，有金属和木制两种。

（9）牛舍的建筑工艺要求

成年奶牛舍可采用双坡双列式或钟楼、半钟楼式双列式。双列式又分对头式与对尾式两种。饲料通道、饲槽、颈枷、粪便沟的尺寸大小应符合奶牛生理和生产活动的需要。青年牛舍、育成牛舍多采用单坡单列敞开式。根据牛群品种、个体大小及需要来确定牛床、颈枷、通道、粪便沟、饲槽等的尺寸和规格。犊牛舍多采用封闭单列式或双列式，初生至断奶前犊牛宜采用犊牛岛饲养。

（10）通道

连接牛舍、运动场和挤奶厅的通道应畅通，地面不打滑，周围栏杆及其他设施无尖锐突出物。

2. 运动场

（1）面积

成年奶牛的运动场面积应为每头 25 ~ 30 m²，青年牛的运动场面积应为每头 20 ~ 25 m²，育成牛的运动场面积应为每头 15 ~ 20 m²，犊牛的运动场面积应为每头 8 ~ 10 m²。运动场可按 50 ~ 100 头的规模用围栏分成小的区域。

（2）饮水槽

应在运动场边设饮水槽，按每头牛 20 cm 计算水槽的长度，槽深 60 cm 水深不超过 40 cm，供水充足，保持饮水新鲜、清洁。

（3）地面

地面平坦、中央高，向四周方向呈一定的缓坡度状。

（4）围栏

运动场周围设有高 1.0 ~ 1.2 m 围栏，栏柱间隔 1.5 m，可用钢管或水泥桩柱建造，要求结实耐用。

（5）凉棚

凉棚面积按成年奶牛每头 4 ~ 5 m²，青年牛、育成牛按每头 3 ~ 4 m² 计算，应为南向，棚顶应隔热防雨。

3. 配套设施

（1）电力

牛场电力负荷为 2 级，并宜自备发电机组。

（2）道路

道路要通畅，与场外运输连接的主干道宽 6 m，通往畜舍、干草库（棚）、饲料库、饲料加工调制车间、青贮窖及化粪池等运输支干道宽 3 m。运输饲料的道路与粪污道路要分开。

（3）用水

牛场内有足够的生产和饮用水，保证每头奶牛每天的用水量 300 ～ 500 L。

（4）排水

场内雨水采用明沟排放，污水采用暗沟排放和三级沉淀系统。

（5）草料库

根据饲草饲料原料的供应条件，饲草储存量应满足 3 ～ 6 个月生产需要用量的要求，精饲料的储存量应满足 1 ～ 2 个月生产用量的要求。

（6）青贮窖

青贮窖（池）要选择建在排水好、地下水位低、可防止倒塌和地下水渗入的地方。无论是土质窖还是用水泥等建筑材料制作的永久窖，都要密封性好，防止空气进入。墙壁要直而光滑，要有一定深度和斜度，坚固性好。每次使用青贮窖前都要进行清扫、检查、消毒和修补。青贮窖的容积应保证每头牛不少于 7 m³。

（7）饲料加工车间

远离饲养区，配套的饲料加工设备应能满足牛场饲养的要求。配备必要的草料粉碎机、饲料混合机等。

（8）消防设施

应采用经济合理、安全可靠的消防设施。各牛舍的防火间距为 12 m，草垛与牛舍及其他建筑物的间距应大于 50 m，且不在同一主导风向上。草料库、加工车间 20 m 以内分别设置消火栓，可设置专用的消防泵与消防水池及相应的消防设施。消防通道可利用场内道路，应确保场内道路与场外公路畅通。

（9）牛粪堆放和处理设施

粪便的储存与处理应有专门的场地，必要时用硬化地面。牛粪的堆放和处理位置必须远离各类功能地表水体（距离不得小于 400 m），并应设在养殖场生产及生活管理区的常年主导风向的下风向或侧风向处。

（三）奶牛场的绿化

树木具有遮阳、降温和调节湿度的重要作用。绿化可以显著改善牛场的温度、湿度、气流和日晒等，吸收牛场空气中的二氧化碳和其他有害气体，有益于人畜的健康，而且可以起到防疫和防火等良好作用。因此，绿化设计是整个牛场设计的一部分，对绿化应进行统一规划和布局。在规划设计中，应根据当地的自然条件，因地制宜。在北方寒冷地区，一般气候比较干燥，应根据主风向及风沙大小，设计牛场防护林的宽度、密度和位置，并选用适应当地土壤条件的林木或草种进行种植。在南方炎热的夏季，强烈的日光照射对牛影响较大，往往造成食欲减退、产奶量下降、生长发育减缓，严重的可引起中暑。如在运动场周围有树木遮阳，牛在舍外可避免日光照射。

1. 场界林带的建设

在牛场边界种植乔木和灌木混合林，如河柳、侧柏等。特别是在牛场边界的北、西侧，应加宽这种混合林带（宽度 1 m 以上，一般至少种 5 行），以起到防风、阻沙作用。

2. 场区隔离带的建设

主要用以分隔场内各区及应对可能发生的火灾。如在生产区、住宅区及生产管理区的四周，都应有这种隔离林带，一般可栽杨树、柳树、榆树等。其两侧栽灌木，必要时在沟渠两侧种植 1 ～ 2 行，以便切实起到隔离作用。

3. 运动场的遮阳树林

在运动场的南面及两侧，应设 1 ～ 2 行遮阳树林。一般可选枝叶开阔、生长势强、冬季落叶后枝条稀少的树种，如杨树及枫树等，兼具观赏及经济价值。但必须采取保护措施，以防牛损坏。

4. 场内外道路两旁的绿化

路旁绿化一般种 1 ～ 2 行树，常用树冠整齐的乔木或亚乔木（如槐树、杏树及某些树冠呈锥形、枝条开阔、整齐的树种）。可根据道路的宽窄，选择树种的高矮。在靠近建筑物的采光地段，不应种植枝叶繁茂的树种。

（四）环境质量监控

环境质量监控是指对环境中某些有害因素进行检查和测量，是牛场环境质量管理的重要环节之一。其目的是了解被监控环境受到污染的状况，及时发现环境污染问题，采取有效的防控措施，使场内保持良好的环境。一般情况下，应对场内的空气、水质、土壤、饲料及畜产品进行全面监测。

1. 饮用水质量检测及要求

总的要求是水量充足，水质优良。

（1）感官性状

色度 ≤ 15 度，不呈现其他异色，混浊度 ≤ 5 度。无异臭或异味，不含肉眼可见物。

（2）化学指标

酸碱度 6.5 ～ 8.5，总硬度 ≤ 450，阳离子合成洗涤剂 ≤ 0.3。

（3）毒理指标

氯化物 ≤ 0.05，汞 ≤ 0.001，铅 ≤ 0.16。

（4）细菌学指标

细菌总数 ≤ 100，大肠杆菌 ≤ 3。

2. 空气质量监测及要求

主要包括温度、湿度、气流方向及速度、通风换气量、照明度、氨气、硫化氢、二氧化碳等项目。奶牛因体格较大，新陈代谢旺盛，产热量多，耐寒怕热。高温时，奶牛采食量下降，饲料利用率降低，产奶量下降。最适合产奶的温度是 10℃～ 20℃。若温度高会对蒸发散热不利，加重热的不良影响。夏季高温时应加大通风量，提高风速，必要时可淋水降温。

3. 土壤质量检测

土壤可能容纳着大量污染物，因为奶牛在放牧、采食等时，会因直接接触土壤而将其污染。土壤质量检测项目包括硫化物、氟化物、五项污染物、氮化合物、农药等。

三、奶牛生态养殖关键技术

（一）低碳养殖技术

在规模化奶牛养殖场应用推广智能化太阳能集热系统、牛奶冷却过程中的余热交换系统和新型沼气工程等节能措施，每年可节约大量的煤炭资源。例如在河北省某规模化奶牛养殖场推广后年节煤达 5 万吨以上。

一是在规模化奶牛养殖场进行智能化太阳能集热系统实验示范。目前在规模化奶牛养殖场，大多使用燃煤锅炉提供生产热水。在河北某县生态养殖基地等养殖场应用推广了智能化太阳能集热系统，取代燃煤锅炉为养殖场提供生产生活用水，除降低劳动强度外，还节省大量煤炭资源，取得了很好的经济效益和社会效益。

二是在规模化奶牛养殖场将牛奶冷却过程中的余热进行热交换。如有些养殖场用牛奶冷却过程中的余热进行热交换加热水，取代燃煤锅炉为养殖场提供生产生活用水，不仅节省了大量煤炭资源，也降低了碳排放。

三是开展了新型沼气工程示范工作。某养殖基地建设了容积达 700 m³ 的新型沼气工程，采用悬流步式新技术，提高了使用效果。

（二）粪便污物处理关键技术

不可否认，畜禽粪便是宝贵的资源，但它又是一个严重的污染源。根据实际测量，每头奶牛每天平均产鲜粪 25 kg、尿 30 kg，另外冲洗牛栏每天还产生废水 80 kg。未经处理的污水流入河流、水塘、湖泊后，由于细菌的作用，大量消耗水中的氧气，使水体由好氧分解变为厌氧分解，水质变臭，并导致富营养化，污染水体。治理粪便污染势在必行，迫在眉睫。粪便污染处理最有效的方法就是沼气净化技术。沼气净化技术的原理是利用厌氧细菌的分解作用，将有机物（碳水化合物、蛋白质和脂肪）经过厌氧消化作用转化为沼气和二氧化碳。此外，还有粪便堆沤处理技术。

1. 沼气发电主要技术环节及要点

（1）各部件和设备的特点

目前常规工艺系统一般有五大部分。

①前处理装置：包括预处理池、调节池、增湿装置和固液分离设备等装置和设备。这些装置和设备对于保证沼气工程系统的稳定运行具有重要的作用。

②厌氧消化器：包括厌氧生物滤床、上流式污泥固定床等消化装置，对提高工程系统技术功能作用显著。

③沼气的收集、储存及输配系统：包括气液分离、净化脱硫、储气输气和沼气燃烧等设备。对于保证向用户稳定供气和高效率使用具有关键作用。

④后处理装置：包括发酵液沉淀池、好氧厌氧处理设施以及废液的排放设施等，是确保达标排放不可缺少的组成部分。

⑤沼渣处理系统：包括发酵后固体残余物的干燥、固液分离和制造颗粒肥料和饲料等设备，是改善整个工程的经济性和实现资源综合利用的主要技术措施。

（2）推广该项技术需要注意的要点

第一，奶牛养殖场沼气工程的设计应该符合当地总体规划，与当地客观实际紧密结合，正确处理集中与分散、处理与利用、近期与远期的关系。应以减量化、无害化、资源化为目标，应用先进技术和工艺，实行清洁生产，从源头上减少粪污排放量。

第二，奶牛养殖场沼气工程的原料是养殖场的污水和粪便，应有充足和稳定的来源，严禁混入其他有毒、有害污水或污泥。

第三，必须科学设计奶牛养殖场沼气工程，以节省投资和降低运行费用。

第四，奶牛养殖场沼气工程的设计应由具有相应设计资质的单位承担。运行管理人员必须熟悉沼气工程处理工艺和设施、设备的运行要求与技术指标，并应持沼气生产职业资格证书。操作人员必须了解本工程处理工艺，熟悉本岗位设施、设备的运行要求和技术指标。

第五，奶牛养殖场沼气工程运行、维护及安全规定应符合现行有关标准。应建立日常保养、定期维护和大修三级维护保养制度。

第六，必须按照有关防火、防爆的要求做好安全防护措施，确保安全。

2. 粪便堆沤处理生产有机肥

主要技术环节及要点。

（1）主要设备

奶牛粪便堆沤处理和制肥过程需要采用大量的通用设备和非标准设备。

①前处理相关设备：主要有地磅秤、堆料场、卸料台和进料门、储存塘或池、装载机械、运输机械等。

②堆肥设备：要有翻堆机和发酵池、多段竖炉式发酵塔、筒式发酵仓、螺旋搅拌式发酵仓等。

③造粒设备：主要有滚筒式造粒机、转盘式造粒机、挤压式造粒机、压缩式造粒机等。

④筛分和包装设备：主要有固定筛、筒形筛、振动筛等。

（2）主要技术参数

①碳氮比：堆肥混合物的碳氮平衡是使微生物达到最佳生物活性的关键因素。堆肥混合物的碳氮比应保持在（25～35）∶1。

②湿度：好氧堆肥相对湿度一般应保持在40%～70%。

③酸碱度：酸碱度随堆肥混合物种类以及堆肥工艺阶段的不同而变化，一般情况下不需调节。若需调节，可在堆肥降解开始前，通过向混合物投加碱或酸性物质来实现。

④其他设计参数：长方形发酵堆垛需定期翻堆，使温度保持在75℃以下。翻堆频率为2～10天/次。长方形条垛的宽、深只受翻堆设备的限制。条垛一般1.2～1.8 m深、1.8～3.0 m宽。肥堆高度通常为2.5～4.5 m，宽度通常为2倍深度值。

（3）推广该项技术需要注意的事项

①堆肥时间：堆肥时间随碳氮比、湿度、天气条件、堆肥运行管理类型及废物和添加剂不同而不同。运行管理良好的条垛发酵堆肥在夏季堆肥时间一般为14～30天。复杂的容器内堆肥只需7天即可完成。

②温度：要注意对堆肥温度的监测，以利于微生物发酵并杀灭病原体，堆肥温度要超过55℃。

③湿度：注意阶段性监测堆肥混合物的湿度，过高和过低都会使堆肥速

度降低或停止。过高会使堆肥由好氧转变为厌氧，产生气味。

④气味：气味是堆肥运行阶段的良好指示器，腐烂气味可能意味着堆肥由好氧转为厌氧。

（三）良种选择关键技术

在良好的饲养管理条件下，优良品种奶牛年产奶量一般能达到 5 000 ~ 7 000 kg，高者可达 10 000 kg。要做好良种引进、繁殖、培育、鉴定、登记工作。好的奶牛体格高大，膘情中等偏上，颜面清秀，中躯长，背腰部不塌陷，胸腹宽深，腹围大而不下垂，肢蹄结实，乳房发达，乳井深。四乳区匀称，乳头大小长短适中，干乳期乳房柔软，泌乳期乳房表面静脉粗壮弯曲，整体丰满而不下垂，有条件的还应考察其母亲的产奶成绩和其父亲的身体品质。以上可以总结为"一看奶包、二看嘴、三看眼睛、四看腿、五看皮毛、六看角、七看种"。

（四）饲料配比关键技术

奶牛日粮主要由三部分组成：青饲料、粗饲料和精饲料。青饲料是指各种牧草、青绿秸秆和青贮饲料。购进奶牛之前应先备足草料。由于奶牛食量大，种牧草不易做到常年供应，青绿秸秆的季节性很强，所以最好是制作青贮饲料。粗饲料是指各种干草和秸秆，因干草的营养价值高于秸秆，有条件的应在夏秋季节多晒一些干草。精饲料可以直接购买混合饲料，也可自己配制，即能量类饲料（玉米、麸皮等）占75%，饼粕类（豆粕、菜籽饼等）占20%，其他（矿物质、盐、添加剂等）占5%。

（五）种草养牛关键技术

近年来，由于能源紧张和土地政策的影响，饲料粮仍保持高价位运行，化解由此所带来的成本压力，保证养殖场、养殖户获得持续而稳定的效益，一个有效措施就是引草入地，藏粮于草。种草养牛既是优质粗饲料之需，也是粪便消纳之地，是农牧生产的生态良性循环。如果没有稳定优质粗饲料种植基地做保障，不可能满足全国所有奶牛之需，也不可能做到保质、保量和稳定的优质粗饲料供应，更谈不上奶牛高产、稳产、优质鲜奶的生产。饲草饲料种植地也是奶牛粪尿消纳、防止污染之地。一般每头成年奶牛 1 年需 5 ~ 6 亩（1 亩 ≈ 666.7m²）鲜玉米秸秆做青贮饲料和 1.5 ~ 2.0 亩（1 亩 ≈ 666.7m²）人工草地制作干草，这也恰好消纳每头奶牛 1 年排泄的约 22 吨粪尿，可施肥 7 ~ 11 亩（1 亩 ≈ 666.7m²）。这样牛粪便肥田、种植的饲草喂牛，使之达到种养结合、农牧互利的良性生态循环发展。

提倡用优质牧草饲喂奶牛，是奶牛的生理特性决定的。实践证明，没有配套的牧草种植提供充足和丰富的营养，就不可能促进奶牛业的大发展。奶牛的产奶量和奶源质量，在相当大程度上取决于日粮干物质进食量和粗纤维质量，取决于粗饲料的品种和质量——在奶牛遗传性能、繁殖效率、管理水平基本相同的情况下，特别是干草的品质。

　　推广牧草养牛，首先要突破草不如粮的传统观念。牧草不仅能够为奶牛提供优质的营养，还非常适应我国的气候特点，粮草结合可以有效缓解饲料粮短缺给畜牧生产带来的压力。如苜蓿，其干物质粗蛋白质含量在18%以上，在我国长江以北的地区都能正常生长，大部分地区1年能割3～4茬，产草量高，饲草品质极佳。1亩（1亩≈666.7m²）地可以收获干草1吨左右，获得粗蛋白质约180 kg，而同等肥力的耕地种植小麦、玉米两茬亩产粮食800 kg左右，亩产粗蛋白质68 kg。苜蓿单位面积粗蛋白质产量是粮食作物的2倍多，生产同等数量的饲料粗蛋白质，种苜蓿比种粮食作物节省一半耕地。

　　据资料报道，每亩（1亩≈666.7m²）地种植豆科牧草如苜蓿，可产粗蛋白质180 kg，而我国种植玉米、小麦或水稻平均亩产粗蛋白质32 kg，种植牧草生产粗蛋白质是种植粮食的6倍。而且苜蓿耐干旱、耐盐碱，适宜中低产田种植，每亩产量按1 000 kg干草计算，收入1 800元，且省人工成本，比种小麦划算。并且苜蓿为多年生，既能防风固土，又能固氮改良土壤。

　　一个产业不仅要向市场要效益，更要向科技要效益。相关科技服务部门和乳品加工企业在实际生产中，也应该结合当地实际气候和农业生产特点，研究草畜结合的路子，帮助奶农掌握适合当地生长的优质牧草的种植技术和种植模式，实现牧草种植与奶牛养殖共同发展。

四、国内外奶牛生态养殖成功经验

（一）农牧结合型生态养殖奶牛模式

1. 平湖模式

浙江平湖逢源奶牛养殖场通过积极探索畜粪的综合利用，走出了一条农牧结合、生态养殖奶牛的成功之路。基本做法：

（1）合理布局

平湖市新仓镇逢源奶牛养殖场建于2002年，按照总体规划，奶牛场建在非禁养区内，分办公生活区、养殖区、治污区和畜粪、沼液消纳配套种植区。

（2）适度养殖

养殖场占地36亩（1亩≈666.7m²），奶牛棚舍2 000 m²，现存栏奶牛168

头，年产生畜粪约 1 000 吨、污水 600 吨。根据土地对畜粪、沼液、沼渣消纳承载能力，实行适度养殖，确保奶牛场产生的畜粪及沼液、沼渣就地消纳，防止对环境污染。

（3）综合治理、资源化利用

养殖场在发展生态养殖之前，由于畜粪和污水无出路，对周边环境和河道造成了严重影响。

为此该奶牛养殖场积极探索，2006 年列入浙江省"811"规模畜禽场排泄物治理任务，按照"二分离三配套"要求，建造了治污设施，共建沼气池 250 m^2、序批式活性污泥（即 SBR）处理池 100 m^2、沼气储气柜 20 m^2、干粪堆积发酵棚 240 m^2、4 吨高位污水箱 1 座、污水浇灌管网 1 500 m 等治污设施。养殖场首先实行了干清粪工艺，污水与畜粪分离，将干粪运到干粪堆积发酵棚进行堆积发酵作农作物优质有机肥和蘑菇床有机肥；其次实行雨污分离，污水沟全部采用地埋式暗沟，共建污水暗沟 450 m，奶牛排泄的污水通过污水暗沟进入沼气池进行厌氧处理，再经序批式活性污泥好氧后处理池处理。同时，为就地消纳奶牛饲养过程中产生的畜粪和沼液、沼渣，奶牛场根据土地对畜粪的承载能力，在附近向农户租赁了 70 亩（1 亩 ≈ 666.7m^2）农田，每年种植两季墨西哥玉米，将奶牛场产生的畜粪大部分用作玉米有机肥，多余部分无偿提供给当地蘑菇种植户作菇床有机肥；沼液经高位水箱通过污水浇灌管网排到 70 亩（1 亩 ≈ 666.7m^2）玉米田中，达到零排放，玉米带棒秸秆经粉碎发酵后作为奶牛青饲料，实现了农牧结合生态养殖奶牛。

2. 奶牛—沼气—菜生态养殖模式

浙江温州龙港奶牛生态养殖场于 2004 年在市、县能源办及有关部门的支持下，投入资金 20 万元，建成一个容积为 260 m^3 的沼气净化池及其他设施。养殖场的粪便污水通过管道流入沼气处理池，经发酵处理后，产生的沼气储存在沼气池中，作为养殖场生产和生活能源使用。如今，不仅流出的水质达到《国家污水综合排放标准》Ⅱ类三级标准，实现标准排放，改善了周边环境，而且由于沼气工程对奶牛的粪便经过干湿分离，使以前的臭牛粪成了"香饽饽"（不仅满足自己生产用，还提供给周边农户）。消费者反映，施用有机肥的蔬菜既好吃又安全，大家都愿意买。2004 年，该场仅奶牛—沼气—菜生态养殖模式一项就增收 2.3 万余元。

3. 奶牛—沼气—肥三位一体生态养殖模式

河北省农民改变过去分散的家庭养殖方式，将牛送进"托牛所"统一管理，实现集约化养殖。将"托牛所"集中产生的粪便污水收纳入沼气池生产沼气，沼液、沼渣作为农作物有机肥。采用奶牛—沼气—肥三位一体生态养殖模式，既充分利用了资源，又降低了饲养成本、减少了环境污染。

4. 奶牛—沼气—温棚生态养殖模式

某区一些养殖合作社为了解决养殖规模扩大造成的园区污染难题，陆续开始筹划建设大型沼气池。2010 年国家发改委为合作社批复了 600 m^3 的大型沼气池一座。大型沼气池建成后，实现了奶牛养殖园区粪污无害化、生态化处理，减少或消除养殖环境污染。同时，沼气发酵过程中产生的沼渣、沼液用于温棚果树及农作物的灌溉施肥，发展有机、绿色和无公害农产品，形成奶牛—沼气—温棚生态养殖的良性循环。

5. 果—草—牛模式

广西北流市是全国荔枝之乡，以荔枝、龙眼为主的水果面积 87 万亩（1 亩 ≈ 666.7m^2），其中荔枝种植面积 56 万亩（1 亩 ≈ 666.7m^2）。但受品种、结构不合理，销售加工滞后等因素制约，果丰价低、果贱伤农的现象时有发生。为扭转这种被动局面，该市利用种植面积多的资源优势，鼓励和引导群众跳出自然放牧的传统模式，利用果园、果场、山地、坡地、房前屋后、田边地角、低产水田等一切可以利用的资源种植牧草养牛，形成了果园种草—牧草喂牛—牛粪施肥为主的立体生态养殖模式。这一种立体生态养殖模式，一是充分利用土地资源解决了饲料问题，降低了养殖成本；二是牛粪可用于牧草、果树施肥，牧草果树生产良好，果树病虫害少，达到草好、牛肥、果优、效益佳的生态良性发展效果；三是种草发财也加速了农民观念的转变和思想的解放，加快了良种良法的推广应用，提高了农民的种养技术水平。

6. 春晖模式

江苏春晖乳业在全国首创种植牧草—饲养奶牛—牛粪养蚯蚓—蚯蚓粪还田的循环生态养牛模式，大胆摒弃传统养殖模式，采用无污染、高效益的生态循环技术和经营模式，以牛尿浇牧草、牛粪养蚯蚓、蚯蚓喂黄鳝，以牛粪和蚯蚓粪作为有机肥料，滋养土壤，养肥的蚯蚓和黄鳝被运到市场出售。春晖乳业种植了 300 亩（1 亩 ≈ 666.7m^2）牧草，按照 1.5 亩（1 亩 ≈ 666.7m^2）牧草养殖 1 头奶牛的标准养殖。公司投资 100 多万元，建造了 500 m^3 的沼气池，不仅消化了 200 头奶牛的排泄物，而且产生的沼气可供应 20 kw 的发电机组发电，正好供应奶牛场日常用电。同时作为最好的肥料，沼液可全部还田。由此，春晖乳业拿到了有机食品的证书。仅发电一项，每年就可节约电费 12 万元，省下的肥料、农药的开支更为可观。在整个生产过程中不使用化肥、农药，利用植物、奶牛、微生物有机组合、协调共存，实现了奶牛场污染物的零排放，在取得可观经济效益的同时，也实现了人与自然的和谐统一。

7. 集中寄养模式

军英牧场采用家庭养殖集中寄养模式，该牧场占地 150 多亩（1 亩 ≈ 666.7m²），可存栏奶牛上千头，并配置标准机械化挤奶厅。该牧场积极完善软件和硬件设施，吸引散户进场养殖。

一是完善硬件设施，扩大养殖能力。为妥善处理和集中利用奶牛粪便，推进生态养殖，军英牧场配套建设了 500 m³ 沼气池一座，且已建成并投入使用，所产沼气不仅可满足牧场需要，还可供 120 户农民生活用气。牧场还将建设生态农业种植园，实现沼气的综合利用。

二是强化科学管理，提升养殖水平。实行统一规划建设，统一品种改良，统一防疫，统一技术服务，统一机械挤奶，统一档案管理，分户饲养的"六统一分"运行模式，全面实行科学规范化养殖。聘用畜牧专业技术人员定期指导，全面细化管理。在科学指导下，每天喂料次数由 3 次增加至 4 次，挤奶次数由 3 次改为 2 次；改吃养殖场统一配制的优质草料；坚持奶牛疾病治疗不使用青霉素等对奶质影响较大的药剂等。这些措施使单头奶牛平均产奶量显著提高，奶牛常见病明显减少，鲜奶品质大幅提升。

三是制定扶持政策，吸引农户寄养。本着互利双赢的原则，军英牧场积极制定优惠政策，鼓励养殖户进场养殖。散养户进场寄养免收场地费、设施费、水电费，提供价格优惠的高质量饲草，为寄养户扩大养殖规模提供资金支持等。同时，寄养 10 头以上的农户免费使用沼气，寄养 5 头以上的半价使用沼气。

随着军英牧场家庭养殖集中寄养模式工作的不断深入，模式优势充分展现，真正实现了牧场、养殖户及社会的互利多赢。一是奶源安全有保证；二是养殖安全有保证；三是牧场规模效益提升；四是农户养殖效益提高；五是促进人居环境改善，净化了农村环境。

8. 牛—沼气—草生态养殖模式

金华市某牧场采用牛—沼气—草生态养殖模式，打造精品奶源基地。一是实行标准化饲养。牧场周边建有优质牧草基地 1 300 多亩（1 亩 ≈ 666.7m²），种植墨西哥玉米、华农 1 号等青饲玉米等青绿饲料，可满足牛场 1 年青绿饲料及青贮饲料的需要。已建立 6 600 m³ 的示范青贮窖 6 个，满足示范场奶牛全年青贮饲料的供应。二是排泄物实现资源利用。牧场建立沼气工程，粪便和冲洗废水进行分离后，废水用沼气厌氧发酵技术进行处理，避免环境污染；沼气提供生产及生活用能；沼液用于周边的牧草基地、橘园和有机茶园；沼渣和粪便用于制造商品有机肥，进行资源化开发和多层次利用，实现生产、资源、能源、经济和环境保护的良性循环，最终达到污染物零排放。

9. 以蚯蚓产业链为核心的生态农业新模式

宁夏回族自治区永宁县某蚯蚓养殖场利用经过发酵处理后的牛粪养殖蚯蚓，形成以蚯蚓产业链为核心的生态农业新模式。蚯蚓可以做家禽饲料，还能做保健品和药材；蚯蚓粪可制成活性复合肥，返回田间作为种植蔬菜、果树、花卉和粮食等农作物和经济作物的肥料。蚯蚓产业直接带动了 30 户群众脱贫致富，养殖规模达 150 余亩（1 亩 ≈ 666.7m²）。牛粪晒干后与粉碎的农作物秸秆掺在一起，经过发酵可成为食用菌的培养基，食用菌收获后培养基又能作为有机肥返田。

10. 浙江农牧结合模式

浙江省提出了发展生态畜牧业，推广农牧结合模式，坚持"政府主导、业主主体"的原则，在政府适当给予补贴下，调动养殖业主对畜禽排泄物进行防控治理的积极性。他们对众多的做法模式进行梳理，重点推出了 5 种模式，即桐庐万强模式——管网联结、就地利用，临安双干模式——人畜分离、养殖小区，龙游雄德模式——沼液罐运、异地利用，南湖竹林模式——粪便收集、户用沼气，蓝天模式——区域配套、循环共生。

（二）牛粪沼气发电形成循环经济链

牛粪得不到及时处理，不仅会占用土地，还会造成水源和水体的污染。

辽宁辉山乳业是国内最大的乳业公司之一，拥有 25 万头奶牛的庞大畜群，大规模奶牛养殖，每年提供 456 万吨的牛粪便。以前的牛粪一般是堆到储肥池里，存放 1 年后才可以还田，既容易污染环境又浪费资源。

随着 100 000 m³ 储肥池以及厌氧发生器基础工程的建成，辉山乳业的牛粪发电项目实现点火发电。未来 2 年，辉山乳业将依托 70 座自营牧场、25 万头自养奶牛，兴建 17 座牛粪沼气发电厂，成为全球最大的牛粪沼气发电生产基地。项目全部建成带来的收益：按奶牛场常年存栏量 25 万头计算，年产粪可达 456 万吨，可产生沼气 3 亿立方米，实现发电总量 6 亿千瓦时 / 年，总装机容量为 100 兆瓦，相当于一个大型火力发电厂，每年可节约煤炭 40 万吨。更为关键的是，沼气发电不仅清洁，而且安全稳定。另外，牛粪发酵后剩余的肥料还可生产有机肥 500 多万吨，相当于一个超大型化肥厂的产能，每年可改良耕地 500 万亩（1 亩 ≈ 666.7m²），可使沈阳两个县所有耕地全部实现有机农业。

（三）荷兰生态与现代生态结合养殖模式

在生态环境优美的荷兰有 8 万个牧场，占用可耕地面积的 1/2，自动化程度极高，平均一个牧场只有 1.6 个全日制员工。主要品种为优良品种荷斯坦奶牛，其适应性强、生病少、产奶量高。在荷兰，奶牛享有动物福利，绝对禁止使用激素刺激奶牛生长和泌乳。这里的奶牛属于放养，荷兰政府对牛舍的空间和光照都做了规定，奶牛在运输过程中也要遵守严格的动物福利条例。这里的奶牛幸福指数相当高。普通奶牛每头产奶量 5 吨 / 年，而这里的荷斯坦奶牛可以达到 10 吨 / 年。从原奶蛋白质含量差距也可看出，国内标准为 2.85%，而荷兰荷斯坦奶牛产出的奶蛋白质含量可达 3.2% ～ 3.4%。该地奶牛只吃这里生长的新鲜黑麦草。荷兰生态牧场中生长的黑麦草，富含奶牛所需的粗蛋白质、粗脂肪、粗纤维、钙、磷、胡萝卜素等多种营养成分，属多年生，营养价值高。当地牧民为了防止植被破坏，不让奶牛食用 15 cm 以下黑麦草，而同样不许食用超过 15 cm 黑麦草，因其超过会导致营养流失。

荷兰牧场一般是家族式经营，家族拥有上百年的牧场管理经验不足为奇。这里至今仍保持着纯天然的原生态养殖模式。此外，牧场还将奶牛粪收集起来，通过注射机再把牛粪灌注进土壤之中，保持牧场的天然环保。牧场采用了自动化程度非常高的机器人挤奶系统，它能自动识别每一头牛。标明奶牛的健康情况、怀孕时间以及初乳时间等。还会根据身份证识别奶牛是否到了挤奶时间，是否符合挤奶要求，并由红外线扫描奶头，自动清洗后自动套上吸奶器。能恰到好处地把握挤奶的力度和时间，挤奶结束后，还会自动清洗。整个生产过程，都在密闭系统中全自动进行，保证奶源无污染。

第五章　生态养羊技术

第一节　生态环境与养羊生产

一、养羊生产与生态环境

生态环境是人类社会赖以生存和发展的物质基础，因此，畜牧业的发展必须把生态环境保护和建设放在首位。养羊虽对生态环境造成一定影响，但都是因管理不善造成的。羊是草食动物，可大量利用牧草、秸秆、糟渣、非蛋白氮、粮油加工副产品等非粮型饲料。羊产品不仅与人民生活息息相关，而且具有不可替代的重要作用，是发展可持续畜牧业的支柱产业。为了加速国民经济发展，促进农业产业结构调整和农民增收，应因地制宜地发展，走经济保护生态之路。当然，如果没有经济开发和利用来保证，空谈生态保护是没有意义的。

（一）养羊业并非破坏生态环境的罪魁祸首

有人认为养羊业是破坏生态环境的罪魁祸首，那么羊是怎样破坏生态环境的，羊为什么要破坏生态环境，这些问题必须搞清楚。羊属于草食动物，嘴尖牙利，喜食脆硬的饲草和饲料，在枯草期和荒漠或半荒漠草原，在纯放牧的条件下，羊无草可吃，为了生存，就掘草根、啃树皮，对植被造成了严重的破坏，加剧了荒漠化进程，恶化了生态环境。因而，有人认为羊破坏生态环境是由其本性决定的。所以，为了保护生态环境而必须禁牧宰羊或限养的提法就应运而生。其实，造成草地退化的原因很多，归根结底就是人—草—畜—环境与社会总的大系统遭到破坏。在这个大系统中任何一种动物过多都会造成对环境的破坏，因此，我们不应该把环境恶化仅仅归咎于羊灾害性的采食行为。

那么，有人会问：养羊能不能不破坏生态环境呢？回答是肯定的，当羊有草吃或不放牧时就不会破坏生态环境。还有人会问：我国有足够的草喂这么多的羊吗？回答也是肯定的，我国的牧草、秸秆等非粮性饲草资源十分丰富，总量过剩，局部不足。还有人问：羊不放牧能行吗？回答还是肯定的。养羊就一定会破坏生态环境的提法是片面的、错误的。养羊之所以破坏生态环境是因为管理不善造成，而非羊本身的罪过。

（二）养羊与生态的关系

我国北方地区频繁发生严重的沙尘暴，直接影响到北京及我国中、南部地区，对人民群众正常的生产、生活造成严重的危害，引起了各方面的密切关注。其中，有人把沙尘暴的起因归咎于发展山羊特别是绒山羊生产。针对这一问题，应正确看待山羊生产。造成我国草地退化、沙化的原因是多方面的，既有自然因素，也有人为因素：自然因素如干旱少雨、大风频次不断增加等；人为因素如盲目开荒，挖掘各种中药材，人口暴涨导致耕地和水资源减少、环境污染，盲目发展草食家畜造成草地超载、重牧和过牧等。因此，关键因素是人为管理不善。长期以来，草地超载、滥牧、饲草缺乏等原因，导致草食家畜（其中包括山羊）啃树皮、扒草根，造成草地沙化。但是，这些问题通过科学管理，落实草地承包，种草种树，以草定畜，改变养羊方式等方法是完全可以避免的，并能实现保护生态环境与适度发展养羊业生产两者的协调发展。因此，把我国西北、华北地区频繁发生的沙尘暴归罪于山羊，这是不客观的，也是不公正的。

（三）养羊业与生态环境建设协调发展

我国是世界养羊大国，羊存栏近4亿只，养羊业是国民经济中的一个重要的支柱产业。不仅如此，羊产品在国民经济和人民生活中具有重要的不可替代的作用。例如，高级毛料主要来自毛羊，号称天然纤维明珠的山羊绒来自绒山羊；轻柔、薄软、透气、华美的皮衣及皮具许多来自皮山羊；被誉为"完全食物"的山羊奶和山羊肉兼有营养和保健双重作用。可见，羊产品不仅与人民生活息息相关，而且具有不可替代的重要作用。为了促进农业产业结构调整和农民增收，如何做到养羊与生态环境协调发展呢？特提以下建议供参考。

1. 因地制宜发展养羊

各地生态环境千差万别，不能套用一个模式来养羊，应因地制宜，协调发展。

（1）北羊南养

制约我国发展养羊的严重问题是草畜不配套：北方有羊缺草，南方有草缺羊，而南方多雨潮湿，要养羊必须创造局部干燥的小环境，发展离地笼架养羊，充分利用南方丰富的牧草资源，大力发展养羊业。

（2）禁牧限养

在荒漠或半荒漠草原及风沙区应坚决采取禁牧、限养、迁羊等措施，并种草植灌，确保植被恢复和建设生态环境。

（3）划区轮牧

在植被好的草原要界定产权，制定条例，出台政策，划定草原所有权，实现谁拥有、谁治理、谁受益。在草资源丰富的牧区应以草定羊，控制规模，草羊配套；划区轮牧，在枯草期舍饲养羊。

（4）林牧结合

在林区要草、灌、乔结合，特别是种植一些易于成活，根系发达，固沙、固坡性能好的灌木或其他树种。如种植三倍体刺槐、沙棘等，在灌木丛生、植被优良的林区，可进行林牧结合。适度放牧可促进牧草和灌木的根系发育和再生，有利于保护植被。

（5）舍饲养羊

在半农半牧或半林区发展舍饲养羊。在这些地区应大力推广高产牧草的种植，牧草根系发达，固沙固坡效果好，而且产草量大，营养价值高，是舍饲养羊的饲草来源。

（6）秸秆养羊

农区农作物秸秆量大质优，秸秆青贮或微贮是理想的饲草饲料。据初步计算，仅秸秆一项就可以满足全国养羊所需饲草的总需要量。

2. 改良品种，提高效益

我国虽是养羊大国，但不是养羊强国。究其原因主要是良种化程度低，经济效益差。例如我国普通山羊的日增重仅 60 g 左右，而著名的波尔肉山羊日增重高达 200 g 以上，相差 3 倍多；萨福克、无角道塞特等肉绵羊品种日增重可高达 400 g 左右。为了提高我国养羊业的经济效益，必须提高品种改良速度，变数量扩张型为质量效益增长型，这不仅可以提高养羊的经济效益，而且可以减少生态环境的压力。

3. 突出特色，发展产业化

我国养羊业必须走产业化的道路，把特色做大、做好、做出成效。例如，我国闻名于世的绒山羊、裘皮羊、奶山羊以及引进和发展的美利奴毛用羊、波尔肉山羊，不仅品质好，而且效益高，应大力发展。在养羊问题上，应该首先搞一体化，把良种、饲草、饲养、生产、加工、销售六个环节紧密连接起来。养羊产业化可用六个字来概括，即种、草、养、产、加、销。为此，应搞好良种繁育、饲草饲料供给、疾病防治、产品加工、市场流通五大体系建设，确保养羊业生产与生态环境建设协调发展。

4. 把数量型转向质量效益型

要严格控制产区养羊数量，提高个体产量。我国羊只，尤其是山羊，良种化程度较低，大多数为低产普通山羊，生长缓慢，饲料报酬低，一般到1.5岁后才能上市，这不仅导致饲料资源的浪费和环境破坏，而且饲养效益低。因此，需要引进良种予以改进和提高，实现当年羔羊当年育肥、当年上市。在养羊数量大大减少的情况下，饲养良种羊不会降低农民收入，同时会使生态环境得到较大改善。

5. 逐步实现部分粮田向草地的过渡，进而实现传统农业向高效农业的转变

实现这种转变必须依靠政策持久的支持和效益的引导，逐步转变农民的经营意识，使他们由被动接受转为主动采纳。

6. 改变传统的饲养方式，养羊由全放牧向舍饲半舍饲方向发展

传统的养羊业一直沿袭以放牧为主，这种粗放的经营投入少，成本低，效益差；而舍饲又无章可循，农牧民担心舍饲会降低生长速度等。其实这种担心是没有必要的，羊的生长主要受遗传因素影响，其次是环境因素。当然，从放牧到舍饲，可能在营养、繁殖、疾病防治等方面会出现一些新问题，但这些问题通过加强科学饲养管理是可以解决的。在没有草场或草场已退化区，选择农户小群舍饲方式，所饲养的羊以奶山羊或高产肉用绵山羊为主；在草地条件较好的山区，采取放牧舍饲相结合方式，即在严格控制饲养量和放牧强度（以不超过实际产草量50%）的条件下，由夏秋季以放牧为主、冬春季以舍饲为主，逐渐过渡到以舍饲为主；成岭树林区或灌木区，以放牧良种肉山羊为主，利用羊消除灌木、林间杂草、树叶，消灭林地火灾隐患，减少病虫危害，生产无污染羊肉，实现林牧利益互补。

7. 充分利用自然及资源优势，积极探索养羊业生产管理模式

例如以农作物秸秆加工调制为基本饲草的短期育肥模式，以优质牧草及青贮饲料为主体的肉羊繁育模式等。

二、养羊生产与生态因子

自然界各种生态因子会直接或间接地影响养羊生产，因此通过建造不同类型羊舍以克服自然界气候因素的影响，有利于羊健康和生产性能的发挥。近十几年来，关于家畜环境和畜舍环境控制的研究进展较快。一些畜牧生产发达的国家在生产中已广泛采用所谓的"环境控制舍"，这就为最大限度地节约饲料能量，有效地发挥家畜的生产力，均衡地获取优质低价产品创造了条

件，并已成为畜牧生产现代化的标志之一。下面分述几种主要生态因子对养羊生产的影响。

（一）温度

羊的生产性能只有在一定的外界温度条件下才能得到充分发挥。温度过高或过低，都会使生产水平下降，养殖成本提高，甚至使羊的健康和生命受到影响。例如冬季温度太低，羊吃进去的饲料全被用于维持体温，没有生长发育的余力，有的反而掉膘，造成"一年养羊半年长"的现象，甚至发生严重冻伤；温度过高，超过一定界限时，羊的采食量随之下降，甚至停止采食，喘息。羊育肥的适宜温度取决于品种、年龄、生理阶段及饲料条件等多种因素，很难划出统一的范围。

（二）湿度

空气相对湿度的大小直接影响着羊体热的散发。在一般温度条件下，空气湿度对羊体热的调节没有影响，但在高温、低温时，能加剧高、低温对羊体的危害。羊在高温、高湿的环境中，散热更困难，甚至受到抑制，往往引发体温升高、皮肤充血、呼吸困难等症状，中枢神经因受体内高温的影响，机能失调，最后致死。在低温、高湿的条件下，羊易患感冒、神经痛、关节炎和肌肉炎等各种疾病。潮湿的环境还有利于微生物的发育和繁殖，使羊易患疥癣、湿疹及腐蹄病等。对羊来说，较干燥的空气环境对健康有利，应尽可能地避免出现高湿度环境。

在养羊生产中防潮是一个重要问题，必须从多方面采取综合措施来应对。

第一，妥善选择场址，把羊场修建在高燥地带，羊舍的墙基和地面应设防潮层；

第二，加强羊舍保温，使舍内空气温度始终在露点温度以上，防止水汽凝结；

第三，尽量减少舍内用水量；

第四，对粪便和污水应及时清除，避免在舍内积存；

第五，保证通风系统良好，及时将舍内过多的水汽排出去；

第六，勤换垫草可有效地防止舍内潮湿。

（三）光照

光照对羊的生理机能具有重要调节作用，不仅对羊繁殖有直接影响，对育肥也有重要作用。首先，光照的连续时间影响生长和育肥。在春季对蒙古羊给予短光照处理可使母羊在非繁殖季节发情排卵；对绒山羊分别给予16小时光照、8 小时黑暗（长光照制度）和 16 小时黑暗、8 小时光照（短光照制度），结果在采食相同日粮情况下，短光照组山羊体重增长速度高于长光照组，公羊体重增长高于母羊。其次，光照的强度对育肥也有影响，如适当降低光照强度，可使增重提高 3% ～ 5%，饲料转化率提高 4%。

（四）气流

在一般情况下，气流对绵羊、山羊的生长发育和繁殖没有直接影响，而是加速羊只体内水分的蒸发和热量的散失，间接影响绵羊、山羊的热能代谢和水分代谢。在炎热的夏季，气流有利于对流散热和蒸发散热，因而对绵羊、山羊育肥有良好作用。因此，在气候炎热时应适当提高舍内空气流动速度，加大通风量，必要时可辅以机械通风。在冬季，气流会增强羊体的散热量，加剧寒冷的影响。据对羊的观察，在同一温度下，气流速度愈大则羊受冻现象愈明显，而且年龄愈小，所受影响愈严重。在寒冷的环境中，气流使绵羊、山羊能量消耗增多，进而影响育肥速度。不过，即使在寒冷季节，舍内仍应保持适当的通风，这样可使空气的温度、湿度、化学组成均匀一致，有利于将污浊气体排出舍外，气流速度以 0.1 ～ 0.2 m/s 为宜，最高不超过 0.25 m/s。

（五）空气中的灰尘和微生物

1. 灰尘

羊舍内的灰尘主要是由打扫地面，分发干草和粉干料，刷拭，翻动垫草等产生的。灰尘对羊体的健康有直接影响。灰尘降落在羊体表上，会与皮脂腺的分泌物以及细毛、皮屑、微生物等混合在一起，黏结在皮肤上，使皮肤发痒以至发炎，同时，使皮脂腺和汗腺的管道堵塞，皮质变脆易损，皮肤的散热功能下降，体热调节受到破坏。灰尘降落在眼结膜上，会引起灰尘性结膜炎。另外，空气中的灰尘可被吸入呼吸道，使鼻腔、气管、支气管受到机械性刺激。特别是灰尘中常常含有病原微生物，使羊受到感染。

为了减少羊舍空气中的灰尘量，应采取以下措施：在羊场的周围种植保护林带，场地内也应大量植树；粉碎精料、堆放和粉碎干草等场所，都应远离羊舍；分发干草时动作要轻；最好由粉料改喂颗粒饲料，或注意饲喂时间和给料方法；翻动或更换垫草，应趁羊不在舍内时进行；禁止在舍内刷拭羊体；禁止干扫地面；保证通风系统性能良好，采用机械通风的羊舍，尽可能在进气管上安装除尘装置。

2. 微生物

羊舍内的空气中存在大量灰尘以及羊咳嗽、喷嚏、鸣叫时喷出来的飞沫，从而使微生物得以附着并生存。病原微生物附着在灰尘上对羊体造成感染叫灰尘感染，附着在飞沫上造成感染叫飞沫感染。大自然中主要是灰尘感染，在畜舍内主要是飞沫感染。呼吸道疾病均是通过飞沫传播的，在封闭式的羊舍内，飞沫可以散布到各个角落，使每只羊都有可能受到感染。因此，必须做好舍内消毒，避免粉尘飞扬，保持圈舍通风换气，预防疾病发生。

（六）有害气体

在敞棚、开放舍或半开放羊舍内，空气流动性大，所以空气成分与大气差异不大。在封闭式羊舍内，如果排气设施不良或使用不当，舍内有害气体有可能达到很高的浓度，危害羊群。最常见、危害最大的气体是氨和硫化氢。氨主要由含氮有机物如粪便、垫草、饲料等分解产生。硫化氢是由于羊采食富含蛋白质的饲料而且消化机能紊乱时由肠道排出的。消除有害气体的措施如下：

首先要及时清除粪便。粪便是氨和硫化氢的主要来源，清除粪便有助于羊舍空气保持清新。

其次是铺用垫草。在羊舍地面的一定部位铺上垫草，可以吸收一定量的有害气体，但垫草须勤换。

还要注意合理换气。这样可将有害气体及时排出舍外，保证舍内空气清洁。

三、环境保护对生态养羊的要求

20世纪，我国的养羊生产以农牧结合、小规模、个体经营为主，尚未进入高度集约化的阶段，环境污染并未引起养殖场的普遍关注。进入21世纪以后，大型现代化养殖场不断涌现，规模越来越大，随之而来的是产生了大量生产废弃物，如不经处理，不仅会危害家畜本身，还会污染周围环境，甚至形成公害。为解决畜产公害问题就要采取环境保护的措施。

生态养羊环境保护的基本原则是：养殖场内所产生的一切废弃物不可任其污染环境，使恶臭远逸，蚊蝇乱飞，也不可弃之于土壤、河道而污染周围环境，酿成公害，必须加以适当处理，合理利用，化害为利，并尽可能在场内解决。

对养羊场来说，最主要的废弃物是粪便，如果能够妥善地处理好粪便，也就解决了养殖场环境保护中的主要问题。羊的粪便由于饲养管理方式及设备等的不同，废弃的形式也不同，因而处理的方法也随之不同。其最主要的出路，目前仍然是作为肥料供给作物与牧草。

在处理家畜的粪便、粪液或畜牧场污水方面，近些年来我国已经摸索了不少物理、化学、生物及综合处理的方法，可以用各种高效率的设备系统地处理畜牧场的废弃物，以达到净化的目的，并使这些废弃物物尽其用，在场内解决，有效地防止其对人畜健康造成的危害及对环境可能形成的污染。

保护养羊场的环境主要是从规划羊场、妥善处理粪便及污水、绿化环境、防护水源等方面着手进行。

（一）从环境保护的观点合理规划羊场

合理规划羊场是搞好环境保护的先决条件，否则，不仅会影响日后生产，并且会使羊场的环境条件恶化，或者为了保护环境而付出很高的代价。

在对一个羊场选址时，从环境保护着眼，必须考虑羊场与周围环境的相互影响，既要考虑到羊场不要污染了周围的环境，也要考虑到羊场不要受到周围环境已存在的污染的影响。同时，为了在一个地区内合理地设置羊场的数量和饲养的只数，使其废弃物尽可能地在本地区内加以利用，就要根据所产废弃物的数量（主要是粪便量）及土地面积的大小，规划各羊场的规模，科学、合理、较均匀地布置在本地区内。

一个农牧结合的羊场要处理好它与外界的关系。第一，羊所产的粪便尽可能施用于本场土地，以减少化肥外购；第二，收获的作物及牧草解决本场所需的部分饲料，以减少外购饲料。这样既利于生产经营，也利于防止污染。

（二）妥善处理羊粪尿

目前，对粪便的处理与利用有以下几个途径。

1. 用作肥料

（1）土地还原法

把家畜粪便作为肥料直接施入农田的方法，称为"土地还原法"。羊粪便不仅供给作物营养，还含有许多微量元素，能增加土壤中的有机质含量，促进土壤微生物繁殖，改良土壤结构，提高肥力，从而使作物有可能获得较高而稳定的产量。

（2）腐熟堆肥法

腐熟堆肥法是利用好气性微生物分解畜粪便与垫草等固体有机废弃物的方法。此法具有能杀死细菌与寄生虫卵，并能使土壤直接得到一种腐殖质类肥料等优点。

好气性微生物在自然界到处存在，它们发酵需以下一些条件：要有足够的氧，如物料中氧不足，厌气性微生物将起作用，而厌气性微生物的分解产物多数有臭味，为此要安置通气的设备，经通气的腐熟堆肥比较稳定。

我国利用腐熟堆肥法处理家畜粪尿是非常普遍的，并有很丰富的经验，所使用的通气方法比较简便易行。例如将玉米秸捆或带小孔的竹竿在堆肥过程中插入粪堆，以保持好气发酵的环境。经四五天即可使堆肥内温度升高至60℃～70℃，2周即可达到均匀分解、充分腐熟的目的。

（3）粪便工厂化好氧发酵干燥处理法

此项技术是随着养殖业大规模集约化生产的发展而产生的。创造适合发酵的环境条件来促进粪便的好氧发酵，使粪便中易分解的有机物进行生物转化，性质趋于稳定。利用好氧发酵产生的高温（一般可达50℃～70℃）杀灭有害的病原微生物、虫卵、害虫，降低粪的含水率，从而将粪便转化为性质稳定、能储存、无害化、商品化的有机肥料，或制造其他商品肥的原料。此方法具有投资少、耗能低、没有再污染等优点，是目前发达国家普遍采用的粪便处理的主要方法，也应成为我国今后粪便处理的主要形式。

2. 用粪便生产沼气

利用家畜粪便及其他有机废弃物与水混合，在一定条件下产生沼气，可代替柴、煤、油供照明或作燃料等用。沼气是一种无色、略带臭味的混合气体，可以与氧混合进行燃烧，并产生大量热能，每立方米沼气的发热量为5 000～6 500千卡（约21～27兆J）。

粪便产生沼气有如下一些条件：第一是保持无氧环境，可以建造四壁不透气的沼气池，上面加盖密封；第二是需要充足的有机物，以保证沼气菌等各种微生物正常生长和大量繁殖；第三是有机物中碳氮比适中，在发酵原料中，碳氮比一般以25:1产气系数较高，这一点在进料时须注意，适当搭配、综合进料；第四是沼气菌在35℃时最活跃（沼气菌生存温度范围为8℃～70℃），此时产气快且多，发酵期约为1个月，如池温低至15℃，则产生沼气少而慢，发酵期约为1年；第五是沼气池保持在中性范围内较好，过酸、过碱都会影响产气，一般以pH 6.5～7.5时产气量最高，酸碱度可用pH试纸测试，一般情况下发酵液可能过酸，可用石灰水或草木灰中和。

在设计沼气池时须考虑粪便的每日产生量和沼气生成速度。沼气的生成速度与沼气池内的温度及酸碱度、密闭性等条件有关。一般将沼气池的容积定为贮存10～30天的粪便产量。

（三）合理处理与利用畜牧场污水

由于畜牧业生产的发展，其经营与管理的方式随之而改变，畜产废弃物的形式也有所变化。如羊的密集饲养，取消了垫料，或者是采用漏缝地面，为保持羊舍的清洁，用水冲刷地面，使粪便都流入下水道。因而，污水中含粪便的比例更高，有的羊场每千克污水中含干物质达 50～80 g，有些污水中还含有病原微生物，如直接排至场外或施肥，危害更大。如果将这些污水在场内经适当处理，并循环使用，则可减少对环境的污染，也可大大节约水费的开支。

污水的处理主要经分离、分解、过滤、沉淀等过程，具体方法如下。

1. 将污水中固形物与液体分离

污水中的固形物一般只占 1/6～1/5，将这些固形物分出后，一般能堆起，便于贮存，可作堆肥处理。即使施于农田，也无难闻的气味，剩下的是稀薄的液体，水泵易于抽送，并可延长水泵的使用年限。液体中的有机物含量下降，从而减轻了生物降解的负担，也便于下一步处理。

2. 通过生物滤塔使分离的稀液净化

生物滤塔是依靠滤过物质附着在滤料表面所建立的生物膜来分解污水中的有机物，以达到净化的目的。通过这一过程，污水中的有机物浓度大大降低，得到相当程度的净化。

用生物滤塔处理工业污水已较为普遍，处理畜牧场的生产污水，在国外也已从试验阶段进入实用阶段。

3. 沉淀

粪液或污水沉淀的主要目的是使一部分悬浮物质下沉。沉淀也是一种净化污水的有效手段。据报道，将羊粪以 10:1 的比例用水稀释，在放置 24 小时后，其中 80%～90% 的固形物沉淀下来。24 小时沉淀下来的固形物中的 90% 是在开始的 10 分钟内沉淀的。试验结果表明，沉淀可以在较短的时间去掉高比例的可沉淀固形物。

4. 淤泥沥水

沉淀一段时间后，在沉淀池底部会有一些较细小的固形物沉降而成为淤泥。这些淤泥无法过筛，因在总固形物中约有一半是直径小于 10 μm 的颗粒，采用沥干去水的办法较为有效，可以将淤泥再沥去一部分水，剩下的固形物可以堆起，便于贮存和运输。

以上对污水采用的 4 个环节的处理，如系统结合、连续使用，可使羊场污水大大净化，并有可能对其重新利用。

污水经过机械分离、生物过滤、氧化分解、沥水沉淀等一系列处理后，可以去掉沉下的固形物，也可以去掉生化需氧量及总悬浮固形物的 75%～90%。达到这一水平即可作为生产用水，但还不适宜当作家畜的饮水。要想能为家畜饮用，必须进一步减少生化需氧量及总悬浮固形物，大大减少氮、磷的含量，使之符合饮用水的卫生标准。

（四）绿化环境

畜牧场的绿化，不仅可以改变自然界面貌，改善环境，还可以减少污染，在一定程度上能够起到保护环境的作用。

1. 改善场区小气候

绿化可以明显改善畜牧场内的温度、湿度、气流等状况。由于树叶阻挡阳光，造成树木附近与周围空气的温差，会产生轻微的对流作用，同时也显著降低树荫下的辐射强度。据测 6 月份中午树林的测定，林下的太阳辐射强度只有田野中的 1/10。夏季一般树荫下气温较树荫外低 3℃～5℃。

2. 净化空气

据调查，有害气体经绿化地区后，至少有 25% 被阻留净化，煤烟中的二氧化硫可被阻留 60%。

3. 减弱噪声

树木与植被等对噪声具有吸收和反射的作用，可以减弱噪声的强度，树叶的密度越大，则减噪的效果也越显著。

4. 减少空气及水中细菌含量

森林可以使空气中含尘量大为减少，因而使细菌失去了附着物，数目也相应减少；同时，某些树木的花、叶能分泌一种芳香物质，可以杀死细菌、真菌等。含有大肠杆菌的污水，若从宽 30 ～ 40 m 的松林流过，细菌数量可减少为原来的 1/18。

5. 防疫、防火作用

羊场外围的防护林带和各区域之间种植隔离林带，可以防止人、畜任意往来，减少疫病传播的机会。由于树木枝叶含有大量的水分，并有很好的防风隔离作用，可以防止火灾蔓延，故在羊场中进行绿化，可以适当减小各建筑的防火间隔。

（五）防止昆虫滋生

羊场往往滋生骚扰人、畜的昆虫，主要是蚊、蝇。为防止这些昆虫的滋生，可采取以下措施：

1. 保持环境的清洁、干燥

填平所有能积水的沟渠洼地，排水用暗沟，粪池加盖。堆粪场远离居民区与畜舍，用腐熟堆肥法处理粪便。

2. 防止昆虫在粪便中繁殖、滋生

根据操作规程，定时将羊舍内的粪便清除出去。

3. 使用化学杀虫剂

除一些常用的杀虫剂外，美国还试用合成的昆虫激素，将其混合于饲料中喂给畜禽，然后由消化道与粪一齐排出。蛆吃了这种药物即不能进一步发育与蜕变，直至死亡。这种药物对畜禽的健康与生产性能均无影响。

4. 使用电气灭蝇灯

这种灯的中部安有荧光管，放射对人畜无害而对苍蝇有高度吸引力的紫外线。荧光管的外围有格栅，当苍蝇爬经电丝时，则接通电路而被击毙，落于悬吊在灯下的盘中。

（六）注意水源防护

主要是注意水源不被污染。

1. 控制排水

防止将污水直接排入水源，这是避免水源被污染的首要条件。各工矿企业及农业生产单位所排出的污水，必须经过处理，使其符合各项卫生指标。

2. 加强水源的管理

家畜饮用水的水质应符合我国《生活饮用水卫生标准》，同时对作为生活饮用水的水源水质也提出了要求。为了确保水质的良好和安全，对各种不同的水源还应做好防护工作。

第二节　生态养羊饲养管理技术

一、羊的生物学特性

所谓羊的生物学特性，是指羊的内部结构、外部形态及正常的生物学行为在一定生态条件下的表现。探讨羊的生物学特性，科学地了解绵羊、山羊，对于正确组织养羊业生产、提高养羊业的经济效益具有十分重要的意义。

（一）羊的生活习性

1. 喜群居，合群性强

羊的合群性强于其他家畜。绵羊胆小，缺乏自卫能力，遇敌不抵抗，只是窜逃或不动。在牧场放牧时，绵羊喜欢与其他羊只一起采食，即便是饲草密度较低的草地，也要保持小群一起牧食。不论是出圈、入圈、过桥、饮水和转移草场，只要有"头羊"先行，其他羊就会跟着行动。但绵羊的群居性有品种间的差异，如地方品种比培育品种的合群性强；粗毛品种合群性最强；

毛用羊比肉毛兼用品种强。

山羊亦喜欢群居。放牧时，只要"头羊"前进，其他山羊就跟随"头羊"走，因而便于放牧管理。对于大群放牧的羊群，只要有一只训练有素的"头羊"带领，就较容易放牧。"头羊"可以根据饲养员的口令，带领羊群向指定地点移动。羊一旦掉队失群，则咩叫不断，寻找同伴，此时只要饲养员适当叫唤，便可立即归队，很快跟群。"头羊"一般由羊群中年龄大、后代多、身体强壮的母羊担任，羊群中掉队的多是病、老、弱的羊只。

合群性强不利的地方在于容易混群，当少数羊只混群后，其他羊只也随之而来，导致大规模混群现象的发生。

2. 喜干燥、清洁，怕潮湿

绵羊适宜干燥的生活环境，常常喜欢在地势较高的干燥地方站立或休息。若绵羊长期生活在潮湿低洼的环境里，往往易感染肺炎、蹄炎及寄生虫病。从不同品种看，粗毛羊耐寒，细毛羊喜欢温暖、干旱、半干旱的气候条件，而肉用和肉毛兼用绵羊则喜欢温暖、湿润、全年温差不大的气候。在南方广大的养羊地区，羊舍应建在地势高、排水畅通、背风向阳的地方，有条件的养羊户可以在羊舍内建羊床（羊床距地面 10 ～ 30 cm），供羊只休息，以防潮湿。相对而言，山羊对湿润的耐受能力要强于绵羊。

羊喜欢洁净，一般在采食前总要先用鼻子嗅一嗅，往往宁可忍饥挨饿也不愿吃被污染、践踏，霉烂变质，有异味、怪味的草料或水。因此，对于舍饲的羊群，要在羊舍内设置水槽、食槽和草料架，便于羊只采食洁净的饲草料和水，也可以减少浪费；对于放牧羊群，要根据草场面积、羊群数量，有计划地按照一定顺序轮流放牧。

3. 采食能力强，可广泛利用各种饲料

羊有长、尖而灵活的薄唇，下切齿稍向外弓而锐利，上腭平整，上唇中央有一纵沟，故能采食低矮牧草和灌木枝叶，捡食落叶、枝条，利用草场比较充分。在马、牛放牧过的牧场上，只要不过度放牧，还可用来放羊；在马、牛不能放牧的短草草场上，羊生活自如。羊能利用多种植物性饲料，对粗纤维的利用率可达 50% ～ 80%，适应在各种牧地上放牧。

与绵羊相比，山羊的采食更广、更杂，具有根据其身体需要采食不同种类牧草或同种牧草不同部位的能力。山羊可采食 600 余种植物，占供采食植物种类的 88%。山羊特别喜欢树叶、嫩枝，可用以代替粗饲料需要量的一半以上。山羊尤其喜欢采食灌木枝叶，不适于绵羊放牧的灌木丛生的山区丘陵，可供山羊放牧。利用这一特点，能有效地防止灌木的过分生长，具有生物调节者的功能；有些林区，常通过饲养山羊，采食林间野草，利于森林防火。

另外，山羊 90% 的时间在采食灌木和枝叶，只有 10% 的时间去吃地表上的草，同时由于山羊放牧时喜欢选吃某些草或草的某些部分，不影响草的再生和扩繁，不会严重地破坏植被。

4. 适应性强

羊对自然环境具有良好的适应能力，在极端恶劣的条件下具有顽强的生命力，尤其是山羊。在我国从南到北、由沿海到内地甚至高海拔的山区都有山羊分布，在热带、亚热带和干旱的荒漠、半荒漠地区也有山羊的存在，在这种严酷的自然环境下，山羊依然可以生存，繁殖后代；山羊对蚊蝇的自然抵抗力也优于其他反刍家畜，说明山羊调节体温、适应生态环境的能力是相当强的。但是，一些专门培育的肉用山羊品种则适合在饲养条件比较优越的农区和平川草场饲养，否则还不如饲养当地的土种山羊更合算。

5. 耐寒怕热

绵羊耐热性不及山羊，汗腺不发达，散热机能差，在炎热夏季放牧时常出现"扎窝子"现象，表现为多只绵羊相互借腹庇荫、低头拥挤、驱赶不散。

6. 其他特性

绵羊母子之间主要靠嗅觉相互辨认，即使在大群中母羊也能准确找到自己的羔羊，腹股沟腺的分泌物是羔羊和母羊互相识别的主要依据。在生产中常根据这一生物学特点寄养羔羊，在被寄养的孤羔身上涂抹保姆羊的羊水，寄养多会获得成功。

绵羊胆小懦弱，易受惊，受惊后就不易上膘。突然受到惊吓时常出现"炸群"现象，羊只漫无目的地四处乱跑。

与其他家畜相比，羊的抗病力强，在较好的饲养管理条件下很少发病。山羊的寄生虫病较多且发病初期不易发现，因此，要随时留心观察，发现异常现象时，要及时查找原因，进行防治。

（二）羊的消化生理特点

1. 羊消化系统的结构及特点

羊属于小反刍家畜，复胃可分四个室，即瘤胃、网胃、瓣胃和皱胃。瘤胃俗称"草肚"，位于腹腔左侧，呈椭圆形，黏膜为棕黑色，表面具有密集的乳头状突起；网胃亦称为"蜂窝胃"，大体呈球形，内壁分割为许多网格，貌似蜂窝状；瓣胃内壁有许多纵列分布的褶膜，有时也被称为"千层肚"；皱胃呈圆锥形，由胃壁的胃腺分泌胃液（主要是盐酸和胃蛋白酶），食物在胃液的作用下进行化学性消化，因其功能与非反刍动物的胃相似，故称为"真胃"。反刍动物刚出生时，瘤胃体积很小，随着动物的生长发育，其瘤胃也快速发育。

绵羊四个胃中瘤胃体积最大,约占胃总容积的80%,其功能是临时贮存采食的饲草,以便休息时再进行反刍;瘤胃也是瘤胃微生物存在的场所。由于瘤胃微生物的发酵作用以及动物自身组织的产热代谢,瘤胃内的温度一般在38℃~40℃之间。流入的唾液含有碳酸氢盐/磷酸盐缓冲液,能调节瘤胃内的pH值,使之维持在6~7之间,但具体值因动物的日粮类型不同和饲喂频率高低而有所变化。网胃和瓣胃,其消化生理作用与瘤胃基本相似,具有物理和生物消化作用。

2. 瘤胃微生物的分类与作用

反刍动物的瘤胃被称为天然的厌氧发酵罐,其之所以能够高效率地消化和降解粗饲料,主要与瘤胃内栖息着大量复杂、多样、非致病性的微生物有关,包括瘤胃原虫、瘤胃细菌和厌氧真菌,还有少数噬菌体。瘤胃微生物对于饲料的发酵是导致反刍动物与非反刍动物消化代谢特点不同的根本原因。

据研究发现,每克瘤胃内容物含有 $10^9 \sim 10^{10}$ 个细菌、$10^5 \sim 10^6$ 个瘤胃原虫,瘤胃中厌氧真菌的数量较少。羊出生前,其消化道内并无微生物,出生后从母体和环境中接触各种微生物,但是经过适应和选择,只有少数微生物能够在消化道内定植、存活和繁殖,并随着生长和发育,形成特定的微生物区系。经过长期的适应和选择,微生物和宿主之间、微生物与微生物之间处于一种相互依存、相互制约的动态平衡系统中。一方面,宿主动物为微生物提供生长环境,瘤胃中植物性饲料和代谢物为微生物提供生长所需的各种养分;另一方面,瘤胃微生物帮宿主助消化自身不能消化的植物物质,如纤维素、半纤维素等,为宿主提供能量和养分。

瘤胃微生物消化纤维是一个连续的有机过程,通过微生物与粗纤维的附着、粘连、穿透等一系列作用,然后通过分泌各种酶类将纤维的各组分进行分解。瘤胃微生物在反刍动物进食后不久就很快地和饲料颗粒连接并黏附。最近研究证实,细菌和原虫通常在反刍动物采食后5分钟即与植物组织相黏附,这种黏附主要靠物理、化学作用力来完成。

(1)瘤胃细菌

在瘤胃微生物中细菌种类最多,同种细菌在瘤胃中又有多种作用。按照瘤胃细菌的功能可分为纤维素降解菌、淀粉降解菌、半纤维素降解菌、蛋白降解菌、脂肪降解菌、酸利用菌、乳酸产生菌和瘤胃产甲烷菌等。

新生羔羊主要通过与母体的直接接触获得瘤胃细菌,瘤胃细菌可存在于唾液、粪样、空气中,羔羊与上述媒介直接接触后可从中获得瘤胃细菌。但是,至今尚未发现瘤胃细菌可通过空气、水和载体(如饲养员的衣服)进行远距离传播。

细菌是最早出现在瘤胃中的微生物。Fonty 等发现，出生后两天的群饲羔羊的瘤胃中已有严格厌氧微生物区系，且数量与成年动物类似，但是与成年动物相比，幼龄反刍动物瘤胃内的菌群种类单一，而且优势菌群的种类也不同。

　　瘤胃微生物可分泌一系列的纤维素降解酶，在这些酶的共同作用下，秸秆、稻草等劣质纤维素被逐步降解为能被宿主动物所利用的单糖，为宿主动物提供能量和挥发性脂肪酸（VFA）等物质。

　　产甲烷菌过去一直被误认为是细菌，但是通过 16SrRNA 序列分析发现，产甲烷菌是完全不同于细菌系统，进化独特的一类微生物——古菌或古细菌。产甲烷菌是严格厌氧型菌，能将二氧化碳、甲酸、甲醇、乙酸、甲胺等及其他化合物转化成甲烷或甲烷和二氧化碳，从中获得能量。几乎所有产甲烷菌都可以将氢气和二氧化碳转化成甲烷。氢气、二氧化碳和甲酸是甲烷产生的主要底物。产甲烷菌通过还原二氧化碳将氢气和二氧化碳、甲酸生成甲烷。

　　（2）瘤胃原虫

　　瘤胃中个体最大、数量最多、最重要的原虫是纤毛虫。纤毛虫不仅栖息在反刍动物的瘤胃内，而且还栖息在马、驴、兔、大象等草食动物的消化道内。在健康的绵羊体内，每毫升瘤胃液内容物含有 $10^5 \sim 10^6$ 个纤毛虫。不过纤毛虫的种类和种群数量依据宿主的饲喂条件、生理等因素的变化而变化，因此，这种变化可以作为瘤胃环境状况的一个指标。

　　瘤胃纤毛虫总的功能，除直接利用植物纤维素和淀粉，使其转变成挥发性脂肪酸之外，还有的瘤胃纤毛虫吞噬瘤胃细菌，这就降低了瘤胃细菌消化淀粉的速率。此外，瘤胃纤毛虫的繁殖速度非常快，在正常的反刍动物瘤胃内，每天能增加两倍，并以相同的数量流到后面的真胃和小肠，作为蛋白质的营养源被宿主消化吸收。

　　（3）瘤胃真菌

　　瘤胃真菌能产生一系列的植物降解酶，这些酶包括植物细胞壁降解酶、淀粉酶和蛋白酶，既有胞外酶，又有胞内酶或细胞结合酶。其中植物细胞壁降解酶包括纤维素酶和半纤维素酶，主要为木聚糖酶和酯酶以及果胶酶等。这些酶为粗纤维在瘤胃内的发酵和降解提供了物质基础。

　　3. 反刍规律及特点

　　反刍是指反刍动物在食物消化前把食团经瘤胃逆呕到口中，经再咀嚼后再咽下的过程。反刍包括逆呕，再咀嚼，再混合唾液和再吞咽 4 个过程。反刍活动对于粗饲料的消化发挥了重要作用，也是临床上诊断反刍动物消化机能正常与否的常用指标。

　　不同动物采食和反刍特点有一定差异。有学者比较研究了自由采食苜蓿干草的绵羊和山羊的咀嚼和反刍的特点，发现绵羊和山羊每天的采食时间分别为 3.7 小时和 6.8 小时，反刍时间分别为 8.3 小时和 6.1 小时，山羊的采食时间显著长于绵羊的采食时间，而绵羊的反刍时间又显著长于山羊。将绵羊和山羊的采食和反刍时间相加，分别为 12.0 小时和 12.9 小时，两种动物之间差异不显著，可见绵羊、山羊每天都有一半的时间用于采食和反刍。

反刍可将饲料进一步磨碎，同时使瘤胃内环境有利于瘤胃微生物的繁殖和进行消化活动。反刍次数及持续时间与草料种类、品质、调制方法及羊的体况有关，饲料中粗纤维含量越高反刍时间越长。

4. 羔羊的消化特点

在哺乳期间，羔羊的前三个胃作用很小，起主要作用的是皱胃。羔羊吮吸的母乳不通过瘤胃，而是经瘤胃食管沟直接进入皱胃，由其中的凝乳酶进行消化。此时羔羊瘤胃微生物区系尚未形成，没有消化粗纤维的能力，不能采食和利用草料。在羔羊饲养初期，应尽早选择营养价值高、纤维素少、体积小、能量和蛋白质含量丰富、容易消化的饲料进行饲喂，单一吃奶的羔羊瘤胃和网胃处于不完全发育的状态。随着日龄的增加，羔羊逐步开始采食粗饲料，此时，前胃体积随之增大，真胃凝乳酶逐渐减少，其他酶逐渐增多，在 40 日龄左右出现反刍行为。根据该特点，在羔羊出生后 15 日龄左右即可补饲优质干草和饲料，以刺激微生物区系的形成和瘤胃体积的增大，提高对植物性饲料的消化能力，为后期发挥生产性能奠定良好的基础。

（三）羊的生长发育特点

1. 羔羊的生长发育

羔羊在哺乳期和断奶前后的生长发育有很多明显的特点，充分了解这些特点，可以做到科学饲养管理。

（1）生长发育

羔羊出生后两天内体重变化不大，此后的 1 个月内生长速度较快。在出生到 4 月龄断奶的哺乳期内，羔羊生长发育迅速，所需要的营养物质相应较多，特别是质好量多的蛋白质。肉用品种羔羊日增重在 300g 以上。

（2）适应能力

在哺乳期，羔羊的一些调节机能尚不健全，如出生 1 ~ 2 周羔羊调节体温的机能发育不完善，神经反射迟钝，皮肤保护机能差，特别是消化道容易受到细菌侵袭而发生消化道疾病。羔羊在哺乳期可塑性强，外界条件的影响能引起机体相应的变化，这对羔羊的定向培育具有重要的意义。

2. 羊生长发育的阶段性

在养羊业中，一般按照羊的生理阶段划分为哺乳期、幼年期、青年期和成年期。

（1）哺乳期

哺乳期结束时体重为成年羊体重的 27% 左右，这是羊一生中生长发育的重要阶段，也是定向培育的关键时期。这一阶段增重的顺序是内脏→肌肉→骨骼→脂肪。在整个哺乳期内，羊的体重随年龄而迅速增长，从 3 kg 左右的出生重增长到 19 kg 左右，相对生长率为 53% 左右。

（2）幼年期

一般指羊从断奶到配种这一阶段，具体时期为 4 ～ 12 月龄。有些人则将幼年期并入到青年期。幼年期结束时体重为成年期体重的 72% 左右。这一阶段由于性发育已经成熟，发情影响了食欲和增重，所以相对增重仅占 44% 左右。增重的顺序是生殖系统→内脏→肌肉→骨骼→脂肪。

（3）青年期

一般指 12 ～ 24 月龄的羊。青年羊体重为成年羊体重的 84% 左右，在这个时期，羊的生长发育接近于生理成熟，体形基本定型，生殖器官发育成熟，绝对增重达最高峰，即这时出现生长发育的"拐点"，以后则增重不大。这时额羊相应增重的次序是肌肉→脂肪→骨骼→生殖器官→内脏。在这一阶段，若母羊配种后怀孕，则随着怀孕时间和怀羔数的变化，母羊体重还会有大的增加。一般而言，怀羔数越多，体重增加越大。

（4）成年期

一般指 24 月龄以后。在这一阶段的前期，体重还会有缓慢的上升，48月龄以后则有下降。

3. 不同组织的生长发育特点

在生长期内，肌肉、骨骼和脂肪这三种主要组织的比例有相对大的变化。肌肉生长强度与不同部位的功能有关。腿部肌肉的生长强度大于其他部位的肌肉；胃肌在羔羊采食后才有较快的生长速度；头部、颈部肌肉比背腰部肌肉生长要早。总体来看，羔羊体重达到出生重 4 倍时，主要肌肉的生长过程已超过 30%，断奶时羔羊各部位的肌肉体重分布也近似于成年羊，有所不同的只是绝对量小，肌肉占躯体重的比例约为 30%。在羔羊生长时期，肌肉生长速度最快，大胴体的肌肉比小胴体的比例要高。

脂肪分布于机体的不同部位，包括皮下、肌肉间、肌肉内和脏器脂肪等。皮下脂肪紧贴皮肤、覆盖胴体，含水少而不利于细菌生长，起到保护和防止水分遗失的作用。肌肉间脂肪分布在肌纤维束层之间，占肉重的

10% ～ 15%。肌肉内脂肪一般分布在血管和神经周围，起到保护和缓冲作用。脏器脂肪分布在肾、乳房等脏器周围。脂肪沉积的顺序大致为出生后先形成肾、肠脂肪，而后生成肌肉脂肪，最后生成皮下脂肪。一般来说，肉用品种的脂肪生成于肌肉之间，皮下脂肪生成于腰部。肥臀羊的脂肪主要集聚在臀部。瘦尾粗毛羊的脂肪以胃肠脂肪为主。在羔羊阶段，脂肪重量的增长呈平稳上升趋势，但胴体重超过 10 kg 时，脂肪沉积速度明显加快。

骨骼是个体发育最早的部分。羔羊出生时，骨骼系统的性状及比例大小基本与成年羊相似，出生后的生长只是长度和宽度上的增加。头骨发育较早，肋骨发育相对较晚。骨重占活重的比例，出生时为 17% ～ 18%，10 月龄时为 5% ～ 6%。骨骼重量基础在出生前已经形成，出生后的增长率小于肌肉。

二、生态养羊的饲养方式及特点

我国是世界草地资源大国。据统计，我国草地面积（草原、草山、草坡）为 39 829 万 hm²，占全国总土地面积的 42.05%，为耕地面积的 3.7 倍，林地面积的 3.1 倍。广阔的草地资源为我国养羊业的发展提供了坚实的物质基础。

（一）原生态饲养

原生态饲养的核心是接近自然。羊群在自然生态环境中采食，按照自身的生长发育规律自然地生长，其物质基础是天然草场，即牧场。在我国大部分的养羊地区，尤其是以草地畜牧业为主的牧区，必须根据气候的季节性变化和牧草的生长规律、草地的地形、地势及水源等具体情况规划牧场，才能确保羊只"季季有牧场，日日有草吃"。

1. 放牧羊群的组织

合理组织羊群，有利于羊的放牧和管理，是保证羊吃饱草、快上膘和提高草场利用率的一个重要技术环节。在我国北方牧区和西南高寒山区，草场面积大，人口稀少，羊群规模一般较大；而在南方丘陵和低山区，草场面积小而分散，农业生产较发达，羊的放牧条件较差，羊群规模较小，在放牧时必须加强对羊群的引导和管理，才能避免羊啃食庄稼。

饲养羊只数量大时，同一品种可分为种公羊群、试情公羊群、成年母羊群、育成公羊群、育成母羊群、羯羊群和育种母羊核心群。羊只数量较少时，不易组成太多的羊群，应将种公羊单独组群（非种用公羊应去势），母羊可分为繁殖母羊群和淘汰母羊群。在羊的育种工作中，若采用自然交配的方式，配种前 1 个月左右将公羊按照 1 :（25 ～ 30）的比例放入母羊群中饲养。在冬季来临时，应根据草料情况确定羊只的数量，做到以草定畜，对老龄和瘦弱的羊只应淘汰处理。冬、春季节养羊一般采用放牧和补饲相结合的方式，除组织羊群放牧外，还要考虑羊舍面积、补饲和饮水条件、牧工的劳动强度等因素，羊群的大小要有利于放牧和日常管理。

2. 原生态饲养放牧方式

（1）固定放牧

即羊群一年四季在一个特定区域内自由放牧采食。这种放牧方式不利于草场的合理利用与保护，载畜量低，单位草场面积提供的产品数量少，羊的数量与草地生产力之间自求平衡。这是现代养羊业应该摒弃的一种放牧方式。

（2）围栏放牧

围栏放牧是根据地形把牧场围起来，在一个围栏内，根据牧草所提供的营养物质数量并结合羊的营养需要量，安排放牧一定数量的羊。修建围栏是草原保护和合理利用的最好办法，是提高草原生产能力的最有效途径。根据国内外先进经验，围栏建设能够提高草原生产能力和畜牧业生产率达25%以上；据内蒙古试验，围栏内产草量可提高17%～65%，牧草的质量也有所提高。

（3）季节轮牧

季节轮牧是根据四季牧场的划分，按照季节交替轮流交换牧场进行放牧的放牧方式。这是我国牧区目前普遍采用的放牧方式，能比较合理地利用草场，提高放牧效果。为了防止草场退化，可安排休闲牧场，以利于牧草的恢复。

（4）划区轮牧

划区轮牧是有计划利用草场的一种放牧方式，是以草定畜原则的体现。把草场划分为若干个季节草场，在每个季节草场内，根据牧草的生长、草地生产力、羊群对营养的需要和寄生虫的侵袭动态等，把各个放牧地段划分为若干轮牧小区，把一定数量的羊只限制在轮牧小区内，有计划地定期依次轮回放牧。

划区轮牧与自由放牧相比有诸多优点。一是能合理利用和保护草场，提高草场载畜量，比自由放牧方式可提高牧草利用率25%。二是羊群被控制在小范围内，减少了游走所消耗的热能而增重加快。三是能控制内寄生虫感染。因为随粪便排出的羊体内寄生虫卵经7～10天发育成幼虫即可感染羊群，所以羊群在某一小区的放牧时间限制在6天以内，即可减少内寄生虫的感染。四是可以防止羊只自由乱跑践踏破坏植被，让羊吃上新鲜的再生牧草。

实施划区轮牧需做好以下工作。

①确定载畜量：根据草场类型、面积及产草量划定草场，结合羊的日采食量和放牧时间，确定载畜量。

②羊群在季节草场内放牧地段的配置：在同一季节草场内，不同羊群配置在哪些地段放牧，所需面积多大，应有一个大体的分配。分配各种羊群放牧地段，先根据羊的性别、年龄、用途、生产性能以及组织管理水平等因素，确定羊群的规模。要考虑草场的水源条件、放牧方式、轮牧小区的大小以及轮牧的天数等条件。比如，细毛羊不善跋涉，对粗硬牧草采食率低，山羊和粗毛羊喜爬坡，食草种类多，分配地段时，细毛羊要选择比山羊、粗毛羊好一点的放牧地段。

③确定放牧频率：放牧频率是指在一个放牧季节内每个小区轮回放牧的次数。它取决于草原类型和牧草再生速度，一般当牧草长到 8 ～ 20 cm 高时便可再次放牧。牧草在生长季节内并不是无限地天天生长，当能量等积累到一定程度时，其生长速度则逐渐减慢，直到停滞，这就是牧草的生长周期，一般为 35 天。为了有效利用牧草的营养物质和提高牧草的再生力，应在牧草拔节后和抽穗前进行放牧。

④确定放牧天数：在一个轮牧小区的放牧天数，是以牧草采食后的再生草不被牲畜吃掉和减少牲畜疫病传染为原则来确定的。牧草再生长到 5 ～ 6 cm，就容易被牲畜吃掉。牧草一般每天可长 1.0 ～ 1.5 cm，5 ～ 6 天就可以长到 5 ～ 6 cm。牲畜常见的蛔虫病寄生虫卵在粪便中要 7 ～ 10 天才能变成可传染的幼虫。因此，在一个轮牧小区的放牧天数应为 5 ～ 6 天为宜。

3. 放牧羊群的队形

为了控制羊群的游走、休息和采食时间，使其多采食、少走路而有利于抓膘，在放牧实践中，应通过一定的队形来控制羊群。羊群的放牧队形名称甚多，但基本队形主要有"一条龙""一条鞭"和"满天星"3 种。放牧队形主要根据牧地的地形地势、植被覆盖情况、放牧季节和羊群的饥饱情况而进行变化和调整。

（1）一条龙

放牧时，让羊排成一条纵队，放牧员走在最前面，如有助手则跟在羊群后面。这种队形适宜在田埂、渠边、道路两旁等较窄的牧地放牧。放牧员应走在上坡地边，观察羊的采食状况，控制好羊群，不让羊采食庄稼。

（2）一条鞭

"一条鞭"是指羊群放牧时排列成"一"字形的横队。横队一般有 1 ～ 3 层。放牧员在羊群前面控制羊群前进的速度，使羊群缓缓前进，并随时命令离队的羊只归队，如有助手可在羊群后面防止少数羊只掉队。出牧初期是羊采食高峰期，应控制住领头羊，放慢前进速度；当放牧一段时间，羊快吃饱时，前进的速度可适当快一点；待到大部分羊只吃饱后，羊群出现站立不采食或躺卧休息时，放牧员在羊群左右走动，不让羊群前进；羊群休息、反刍结束，再继续前进放牧。此种放牧队形，适用于牧地比较平坦、植被比较均匀的中等牧场。春季采用这种队形，可防止羊群"跑青"。

（3）满天星

满天星是指放牧员将羊群控制在牧地的一定范围内让羊只自由散开采食，当羊群采食一定时间后，再移动更换牧地。散开面积的大小主要取决于牧草的密度。牧草密度大、产量高的牧地，羊群散开面积小，反之则大。此种队形适用于任何地形和草原类型的放牧地，对牧草优良、产草量高的优良牧场或牧草稀疏、覆盖不均匀的牧场均可采用。

不管采用何种放牧队形，放牧员都应做到"三勤"（腿勤、眼勤、嘴勤）、"四稳"（出入圈稳、放牧稳、走路稳、饮水稳）、"四看"（看地形、看草场、看水源、看天气），宁为羊群多磨嘴，不让羊群多跑腿，保证羊一日三饱。否则，羊走路多，采食少，不利于抓膘。

4. 原生态饲养注意事项

（1）饮水

给羊只饮水是每天必须要做的工作。要注意饮井水、河水和泉水等活水，不饮死水，以防寄生虫病的发生；饮水前羊要慢走，以防奔跑发喘喝呛水而引起异物性肺炎；喝水时不要呼喊、打鞭子；顶水走能喝到清水，慢走能喝足。

（2）喂盐

盐除了供给羊所需的钠和氯外，还能刺激食欲，增加饮水量，促进代谢，利于抓膘和保膘。成年羊每日供盐 $10 \sim 15$ g，羔羊 5 g 左右。简便的方法是把盐压成末，有条件的加点骨粉，混合均匀撒在石板上，任其自由舔食；舍饲和补饲的可拌在饲料中饲喂，也可以在制作青贮饲料时按比例加盐。

（3）做好"三防"

"三防"即要防野兽、防毒蛇、防毒草。在山地放牧防野兽的经验是：早防前，晚防后，中午要防洼沟沟。防毒蛇危害，牧民的经验是：冬季挖土找群蛇、放火烧死蛇，其他季节是"打草惊蛇"；防毒草危害，牧民的经验是"迟牧，饱牧"，即让羊只吃饱草后再放入毒草混生区域放牧，可免受毒草危害。

（4）要注意数羊

每天出牧前和归牧后，要仔细清点羊只数量和观察羊只体况。遇有羊只缺失，应尽快寻回；若有羊只精神不佳或行动困难，应留圈治疗。

（5）定期驱虫和药浴

放牧饲养的羊只接触环境复杂，易感染各种寄生虫病。内、外寄生虫是羊抓膘保膘的大敌。春、秋两季驱虫防治绦虫、蛔虫、结节虫、鼻蝇幼虫、肝片吸虫等内寄生虫；剪毛后药浴防治疥癣、虱等外寄生虫。

（二）仿生态饲养

粗放经营使畜牧业生产在很大程度上受自然条件和气候条件的制约，导致羊群生产周期长，成本高，商品度低。按照羊的生物学特点建设标准化棚圈，走舍饲、半舍饲和全舍饲畜牧业道路是发展现代化畜牧业的基础条件，能有效避免传统畜牧业粗放的生产方式，其特点是资金和物质投入多、技术含量高、生产水平高、生产效益好。

1.发展仿生态养羊的意义

①通过把羊圈养，对草原生态起到保护作用，使得大部分草原能得到有效保护和利用，解决了草原生态和牧业发展相矛盾的问题。

②使畜牧业能够稳定、持续地发展。仿生态养羊对养羊业的贡献主要表现在五个方面，即快速增加羊只头数、加快周转、提高单产、产业化经营、克服自然灾害的威胁。

③增加了养羊收入，提高了经济效益。

2.仿生态养羊的饲养方式

（1）全舍饲养羊

畜牧业生产方式的转变，其标志就是舍饲圈养，即不进行放牧，在圈舍内采用人工配制的饲料喂羊。要从规模上改变我国养羊业生产的落后状况，必须改变传统落后的饲养方式，尤其是在农区和半农半牧区发展养羊业产业化生产，舍饲规模饲养是根本出路之一。

饲料供应是舍饲养羊的基础，必须有足够的饲草料作为支撑，并做到饲料多样化。饲料分粗饲料和精饲料，粗饲料主要为各种青、干牧草，农作物秸秆和多汁块根饲料等；精饲料主要为玉米、麸皮、饼类和矿物质、维生素添加剂。

另外，建立科学合理的饲草供应体系，要按照先种草后养羊的发展思路，抓好优质牧草的种植和科学的田间管理、田间收获及草产品调制技术。同时要充分利用农作物秸秆，大搞青贮、氨化、微贮饲草，为舍饲羊准备好充足的饲草饲料，并且按照合理的日粮配比科学的提供饲料。舍饲养羊要根据羊不同生长阶段、性别、年龄、用途等分类分圈饲养，并根据羊营养需要科学搭配饲草饲料，尽量供给全价饲料，严防草料单一，加强运动，供给充足清洁的饮水。同时要做好圈舍卫生消毒，定期做好传染病的预防免疫、驱除寄生虫等工作，确保羊群健康发展。

（2）半舍饲养羊

半舍饲养羊是把全年划分为 3 个饲养时期，不同的时期采用不同的饲养方法，即放牧、补饲、舍饲相结合的饲养方式。

①舍饲期（牧草萌发期）：5—7 月份，牧草刚刚萌发返青，羊易"跑青"，必须实行圈养舍饲，才能保证羊正常的生长发育，也保护了草地。饲草以农作物秸秆、牧草、野草为主，另加 15% 的配合颗粒饲料，加入 10 ～ 15 g 盐或在圈内放置盐砖任其自由舔食。每天分 3 次饲喂，并保证足量饮水。

②放牧期（盛草期）：8—11 月份，牧草长势旺，绝大部分牧草处于现蕾或初花期至结实枯草期之间，营养丰富，产草量大，可充分利用天然草地的饲草资源放牧抓膘，全天放牧，一般不需补饲。

③补饲期（枯草期）：12 月至第二年 4 月份，天气寒冷，风雪频繁。此时大地封冻，羊对林草地破坏较小。白天可放牧充分采食枯草和林间落叶。但牧草凋萎枯干，营养价值很低，需在晚间适当补饲。如有条件补些精料效果更好。

三、羔羊饲养

羔羊是指从出生到断奶的羊羔。羔羊阶段饲养的好坏关系到其终身发育的优劣和生产水平的高低。如饲养管理不当，则生长发育不良，羔羊病多，死亡率高。只有根据羔羊在哺乳期的特点进行合理的饲养管理，才能保证羔羊健康生长发育。有的国家对羔羊采取早期断奶，然后用代乳品进行人工哺乳。目前，我国羔羊多采用 2 ～ 3 月龄断奶，但采用代乳品早期断奶，已成为规模化羔羊饲养的大势所趋。

（一）羔羊的生理特点

初生时期的羔羊，最大的生理特点是前 3 个胃没有充分发育，最初起作用的是第 4 个胃，前 3 个胃的作用很小。由于此时瘤胃微生物的区系尚未形成，没有消化粗纤维的能力，所以不能采食和利用草料，对淀粉的耐受能力也很低。所吮母乳直接进入真胃，由真胃分泌的凝乳蛋白酶进行消化。随着羔羊日龄的增长和采食植物性饲料的增加，真胃凝乳酶的分泌逐渐减少，其他消化酶逐渐增多，对草料的消化分解能力开始加强。

（二）常见羔羊死亡的原因

羔羊死亡最常出现于出生至生后 40 天这段时间里。羔羊死亡最常见的原因有以下一些：一是初生羔羊体温调节机能不完善，抗寒能力差，如果管理不善，羔羊容易被冻死。这是由牧场放牧环境下畜舍环境差、保温措施不得力导致的，也是冬羔死亡率高的主要原因。二是新生羔羊由于血液中缺乏免疫抗体，抗病能力差，容易感染各种疾病，造成羔羊死亡。三是羔羊早期的消化器官尚未完全发育，消化系统功能不健全。饲喂不当，容易引发各种消化道疾病，造成营养物质消化障碍，导致羔羊营养不良，最终过度消瘦而死亡。四是母羊在妊娠期营养状况不好，产后无乳，羔羊先天性发育不良，弱羔。五是初产母羊或护子性不强的母羊所产羔羊，在没有人工精心护理的情况下，也容易造成羔羊死亡。

（三）提高羔羊成活率的技术措施

1. 正确选择受配母羊

（1）体型和膘情

体型和膘情中等的母羊繁殖率、受胎率高，羔羊初生重大，健康，成活率高。

（2）母羊年龄

最好选择繁殖率高的经产母羊。初次发情的母羊，各方面条件好的，在适当推迟初配时间的前提下也可选用。

2. 加强妊娠母羊管理

（1）妊娠母羊合理放牧

冬天，放牧要在山谷背风处、半山腰或向阳坡。要晚出早归，不吃霜草、冰碴草，不饮冷水。上下坡、出入圈门要控制速度，避免母羊流产、死胎。妊娠后期最好舍饲。

（2）妊娠母羊及时补饲

母羊膘情不好，势必会影响胎儿发育，致使羔羊体重小，体弱多病，对外界适应能力差，易死亡；母羊膘情不好，哺乳阶段缺奶，直接影响到羔羊的成活。因此，在母羊妊娠阶段进行补饲是十分必要和重要的。

3. 产羔前准备和羔羊护理

（1）产羔前准备

在产羔开始前3～5天要彻底清扫和消毒产羔棚舍内的墙壁、地面以及饲草架、饲槽、分娩栏、运动场等。要控制接产房的温度，一般以不低于5℃～10℃为宜，温度不达标，要及时添购取暖设备。夏、秋季节，应在产羔羊圈不远的地方留出一片草场，专供产羔母羊放牧使用。同时要为产羔母羊及羔羊准备充足的青干草、优质的农作物秸秆、多汁饲料和适当的精饲料。要做好接羔人员的准备，昼夜值班，勤观察；要配备好兽医人员，同时准备好兽医产科器械，以备随时使用。

（2）助产

在母羊产羔过程中，非必要时一般不应干扰，最好让其自行娩出。但有的初产母羊因骨盆和阴道较为狭小，或双胎母羊在分娩第二头羔羊并已感疲乏的情况下，要助产。助产时用手握住羊羔两前肢，随着母羊的努责，轻轻向下方拉出。遇有胎位不正的状况时，要把母羊后躯垫高，将胎儿露出部分送回，手入产道，纠正胎位。羔羊产出后，应及时把口腔、鼻腔里的黏液掏出擦净，以免因呼吸困难、吞咽羊水而引起窒息或异物性肺炎等症状。羔羊身上的黏液应让母羊舔干，既可促进新生羔羊的血液循环，又有助于母羊认羔。顺产的羔羊一般会自己扯断脐带；人工助产下娩出的羔羊，可由助产者断脐带。

（3）救假死

羔羊产出后，身体发育正常、心脏仍有跳动但不呼吸的情况称为假死。其原因是羔羊过早吸入羊水，或子宫内缺氧、分娩时间过长，受凉等。假死的处理方法有两种：一是提起羔羊双后肢，使羔羊悬空并拍击其背部、胸部；二是让羔羊平卧，用双手有节律地推压胸部两侧。短时间假死的羔羊经处理后一般可以复苏。因受凉而造成假死的羔羊，应立即移入暖室进行温水浴，水温由 38℃开始，逐渐升到 45℃，持续时间为 20 ～ 30 分钟，水浴时头部露出水面，防止呛水，羔羊复苏后迅速擦干全身。

（四）羔羊的饲养

1. 尽早吃饱、吃好初乳

羔羊产后应尽早吃上初乳。初乳是母羊产后前 3 ～ 5 天的乳汁，颜色微黄，比较浓稠，营养十分丰富，含有丰富的蛋白质（17% ～ 23%）、脂肪（9% ～ 16%）、矿物质等营养物质和抗体。尽早使羔羊吃上初乳能增强体质，提高抗病能力，并有利于胎粪的排出。初乳吃得越早、越多，则增重越快，体质越强，成活率越高。

一般羔羊在生后 10 分钟左右就能自行站立，寻找母羊乳头，自行吮乳。如有弱羔或初产母羊母性不强的状况，羔羊必须进行人工辅助吃奶。母羊常嗅羔羊的尾根部来辨别是否是自己的羔羊。若产后母羊有病、死亡或多羔缺奶，应给羔羊找保姆羊，其操作方法是把保姆羊的尿液或奶汁抹在羔羊身上，使其气味与原先的气味发生混淆而无法辨别，并在人工辅助下进行几次哺乳。

2. 人工哺乳

人工哺乳的关键是代乳品的选择和饲喂。代乳品至少应具有以下特点：

一是消化利用率高；二是营养价值接近羊奶；三是配制混合容易；四是添加成分悬浮良好。对于条件好的羊场或养羊户，可自行配制人工合成奶类，喂给 7 ~ 45 日龄的羔羊。人工合成奶的成分为脱脂奶粉 60%，还含有脂肪干酪素、乳糖、玉米淀粉、面粉、磷酸钙、食盐和硫酸镁。

每千克代乳料的组成和营养成分如下：水分 4.5%、粗脂肪 24.0%、粗纤维 0.5%、灰分 8.0%、无氮浸出物 39.5%、粗蛋白 23.5%；维生素 A5 万国际单位、维生素 D 1 万国际单位、维生素 E 30 mg、维生素 K 3 mg、维生素 C 70 mg、维生素 B_1 3.5 mg、维生素 B_2 5 mg、维生素 B_6 4 mg、维生素 B_{12} 0.02 mg；泛酸 60 mg、烟酸 60 mg、胆碱 1200 mg、镁 120 mg、锌 20 mg、钴 4 mg、铜 24 mg、铁 126 mg、碘 4 mg；蛋氨酸 1 100 mg、赖氨酸 500 mg、杆菌肽锌 80mg。

3. 羔羊的补饲

羔羊出生后 10 ~ 40 天，应给其补喂优质的饲草和饲料。一方面可使羔羊获得更完全的营养物质；另一方面锻炼羔羊采食，促进瘤胃发育，提高羔羊采食消化能力。对弱羔可选用黑豆、麸皮、干草粉等混合料饲喂，日喂量由少到多。另外，在精饲料中拌些食盐（每天 1 ~ 2 g）为佳。从 30 天起，可用切碎的胡萝卜混合饲喂。羔羊 40 ~ 80 日龄时已学会吃草，但对粗硬秸秆尚不能适应，要控制其食量，使其逐渐适应。

4. 细心管理

羔羊的管理一般分两种：一是母子分群，定时哺乳，圈舍内培育，即白天母子分群，羔羊留在舍内饲养，每天定时哺乳，羔羊在舍内养到 1 个月左右时单独放出运动；二是母子不分群，在一起养。在羔羊 20 日龄以后，母子可合群放出运动。圈舍要保持干燥、清洁、温暖，勤铺垫草，舍温要保持在 5℃以上。

5. 适时断奶

羔羊生长到一定阶段即应断奶。羔羊断奶不仅可以防止母羊乳腺炎的发生，有利于母羊恢复体况，准备配种，也能锻炼羔羊的独立生活能力。养羊业发达的国家多采取早期断奶，即在羔羊出生后 1 周左右断奶，然后用代乳品进行人工哺乳，还有的出生后 45 ~ 50 天在人工草地上放牧。我国羔羊多采用 2 ~ 3 月龄断奶。

断奶多采用一次性断奶法，即将母子分开，不再合群。若发育有强有弱，可采用分次断奶法，即强壮的羔羊先断奶，弱瘦的羔羊仍继续哺乳，断奶时间可适当延长。断奶后将母羊移走，羔羊继续留在原羊舍饲养，尽量给羔羊保持原来的环境。断奶后，羔羊根据性别、体质强弱、体格大小等因素，加强饲养，力求不因断奶影响羔羊的生长发育。

四、育成羊的饲养

育成羊是指断奶后到第一次配种前这一阶段的幼龄羊，即 4 ～ 18 月龄的羊。在生产中一般将羊的育成期分为两个阶段，即育成前期（4 ～ 8 月龄）和育成后期（8 ～ 18 月龄）。

（一）育成前期的饲养管理

在这个时期，尤其是刚断奶的羔羊，生长发育快，瘤胃容积有限且机能不完善，对粗饲料的利用能力较差。羔羊断奶后 3 ～ 4 个月生长发育快，增重强度大，营养物质需要较多，只有满足其营养物质的需要，才能保证正常生长发育。如果育成羊营养不良，就会影响其一生的生产性能，甚至使性成熟推迟，不能按时配种，从而降低种用价值。因此，该阶段要重视饲养管理，备好草料，加强补饲，避免造成不必要的损失。

育成前期羊的日粮应以精料为主，并补给优质干草和青绿多汁饲料，日粮的粗纤维不超过 15% ～ 20%。每天需要风干饲料 0.7 ～ 1.0 kg。营养条件良好时，日增重可达到 150g 以上。

（二）育成后期的饲养管理

育成后期是育成羊发育期，维持体能消耗大，但羊的瘤胃机能基本完善，可以采食大量牧草和青贮、微贮秸秆。有专家建议育成后期绵羊每天每只补饲野干草 1 kg、青贮料 1 kg、胡萝卜 0.5 kg、混合精料 0.4 ～ 0.7 kg（玉米 50%、豆饼 20%、糠麸 20%，食盐、石粉、骨粉、小苏打、预混料各 2%），对后备公羊、母羊要适当多一些。

育成期的饲养管理直接影响到羊的繁殖性能。饲养管理越好，羊只增重越快，母羊可提前达到第一次配种要求的最低体重，提早发情和配种。母羔羊 6 月龄体重能达到 40 kg，8 月龄就可以配种。公羊的优良遗传特性可以得到充分的体现，为提高选种的准确性和提早利用打下基础。体重是检查育成羊发育情况的重要指标。按月定时测量体重，以掌握羊育成期的平均日增重，日增重以 150 ～ 200 g 为好，要根据增重情况及时调整饲料配方。

育成期间，公羊、母羊分开放牧和饲养。断奶时不要同时断料和突然更换饲料，待羔羊安全度过应激期以后，再逐渐改变饲料。无论是放牧或舍饲，都要补喂精料，冬季要做好草料的贮备。

五、繁殖母羊的饲养

繁殖母羊是羊群正常发展的基础，对于繁殖场内的能繁母羊群，要求一直保持较好的饲养管理条件，以完成配种、妊娠、哺乳和提高生产性能等任务。根据繁殖母羊所处生理时期（如空怀、妊娠、哺乳）的不同，以及不同生理时期母羊对营养需要的不同及日常管理侧重点不同，可将繁殖母羊的饲养管理分为空怀期、妊娠期和哺乳期 3 个阶段。按照繁殖周期，母羊的空怀期为 3 个月，怀孕期为 5 个月，哺乳期为 4 个月。

（一）空怀期

空怀期即恢复期，是指羔羊断奶到配种受胎时期。我国各地由于产羔季节不同，空怀期的时间也有所不同，产冬羔的母羊空怀期一般在 5 ～ 7 月份，产春羔的母羊空怀期在 8 ～ 10 月份。空怀期营养的好坏直接影响配种及妊娠状况。此期饲养的重点是抓膘扶壮，使体况恢复到中等以上，为准备配种妊娠储备营养。研究表明，体况好的母羊第一情期受胎率可达到 80% ～ 85% 及以上，而体况差的只有 60% ～ 75%。因此羔羊要适时断乳，在配种前 1.0 ～ 1.5 个月实行短期优饲，提高母羊配种时的体况，以达到发情整齐，受胎率高，产羔整齐，产羔数多。在日粮配合上，以维持正常的新陈代谢为基础，对断奶后较瘦弱的母羊，还要适当增加营养，以达到复膘。为此，应在配种前 1 个月按饲养标准配制日粮进行短期优饲，而且优饲日粮应逐渐减少，如果受精卵着床期间营养水平骤然下降，会导致胚胎死亡。此时期每天每只另补饲约 0.4 kg 克的混合精料。

空怀期建议日粮配方（每只每天量）：禾本科干草 0.8 kg，微贮或热喷、氨化秸秆 0.4 kg，玉米青贮料 2.6 kg，玉米或大麦碎粒 0.1 kg，食盐 10 g，饲用磷 8 g。日粮营养水平：干物质 1.7 kg，粗蛋白质 174 g，钙 12 g，磷 4.5 g。

（二）妊娠期

母羊的妊娠期平均为 150 天，分为妊娠前期和妊娠后期。

1. 妊娠前期

指母羊妊娠的前 3 个月，此期胎儿发育较慢，所需营养与母羊空怀期大体一致，但必须注意保证母羊所需营养物质的全价性，主要是保证此期母羊对维生素及矿物质元素的需要，以提高母羊的妊娠率。羊的消化机能正常时，羊瘤胃微生物能合成机体所需的 B 族维生素和维生素 K，一般不需日粮提供；羊体内也能合成一定数量的维生素 C；但羊体所需的维生素 A、维生素 D、维生素 E 等则必须由日粮供给。

保证母羊所需营养物质全价性的主要方法是对日粮进行多样搭配。在青草季节，一般放牧即可满足，不用补饲。在枯草期，羊放牧吃不饱时，除补喂野干草或秸秆外，还应饲喂一些胡萝卜、青贮饲料等富含维生素及矿物质的饲料。舍饲则必须保证饲料的多样搭配，切忌饲料过于单一，并且应保证青绿多汁饲料或青贮饲料、胡萝卜等饲料的常年持续平衡供应。

2. 妊娠后期

约 2 个月的时间，是胎儿迅速生长的时期，胎儿初生重量的约 90% 是在母羊妊娠后期增加的，故此期怀孕母羊对营养物质的需要量明显增加。此期母羊粗饲料饲喂量基本同妊娠前期，只是须增加精饲料的饲喂量，每只母羊日饲喂精饲料 0.5 ～ 0.8 kg，要求日粮中粗蛋白质含量为 150 ～ 160 g，代谢水平应提高 15% ～ 20%，钙、磷含量应增加 40% ～ 50%，并要有足量的维生素 A 和维生素 D。在妊娠后期母羊每天可沉积 20 g 蛋白质，加上维持所需，每天必须由饲料中供给可消化粗蛋白质 40 g。整个妊娠期蛋白质的蓄积量为 1.8 ～ 2.3 kg，其中 80% 是在妊娠后期蓄积的。妊娠后期每天沉积钙、磷量为 3.8 g 和 1.5 g。因此妊娠后期的饲养标准应比前期每天增加饲料单位 30% ～ 40%，增加可消化蛋白质 40% ～ 60%，增加钙、磷 1 ～ 2 倍。

若此期母羊的营养供应不足，会导致一系列不良后果，如所生羔羊体小（有的仅为 1.4 kg）、毛少（有的刚露毛尖）；胎龄虽然是 150 天，但生理成熟仅相当于 120 ～ 140 日龄的发育程度，等于早产；体温调节机能不完善；吮吸反射推迟；抵抗力弱，极易发病死亡等。因此，在妊娠的最后 5 ～ 6 周，怀单羔母羊可在维持饲粮基础上增加 12%，怀双羔则增加 25%，这样可提高羔羊初生重和母羊泌乳量。

但值得注意的是，此期母羊如果养得过肥，也易出现食欲缺乏，反而使胎儿营养不良。妊娠后期，每天每只补饲混合精料 0.5 ～ 0.8 kg，并每天补饲骨粉 3 ～ 5 g。产前约 10 天还应多喂些多汁饲料。怀孕母羊应加强管理，防止拥挤、跳沟、惊群、滑倒，日常活动要以"慢、稳"为主，不能饲喂霉变饲料和冰冻饲料，以防流产。

妊娠期建议日粮配方（每只每天量）：混合干草 1.0 kg，氨化秸秆 0.3 kg，玉米青贮料 2.5 kg，玉米碎粒 0.3 kg，食盐 13 g，磷酸二氢钠 8 g。日粮营养水平：干物质 1.9 kg，粗蛋白质 183 g，钙 14 g，磷 6 g。

（三）哺乳期

产后 2 ～ 3 个月为哺乳期，哺乳期大约 90 天，一般划分为哺乳前期和哺乳后期。

1. 哺乳前期

哺乳前期指羔羊生后前 2 个月。此时，母乳是羔羊的重要营养物质，尤其是出生后 15～20 天内，几乎是唯一的营养物质，所以应保证母羊全价饲养。研究表明，羔羊每增重 1 kg 需消耗母乳 5～6 kg，为满足羔羊快速生长发育的需要，必须提高母羊的营养水平，提高泌乳量。饲料应尽可能多提供优质干草、青贮料及多汁饲料，饮水要充足。刚生产的母羊腹部空虚，体质弱，体力和水分消耗很大，消化机能稍差，应供给易消化的优质干草，饮盐水、麸皮水等，青贮饲料和多汁饲料不宜给得过早、过多。产后 3 天内，如果膘情好，可以少喂精料，以防引起消化不良和乳腺炎，1 周后逐渐过渡到正常标准，恢复体况和哺乳两不误。母羊泌乳量一般在产后 30～40 天达到最高峰，50～60 天后开始下降，同时羔羊采食能力增强，对母乳的依赖性降低。因此，应逐渐减少母羊的日粮供给量，逐步过渡到空怀母羊时期的日粮标准。

2. 哺乳后期

在哺乳后期，母羊泌乳量逐渐下降，羔羊也能采食草料，依赖母乳程度减小，可降低补饲标准，逐渐恢复正常饲喂，有条件的养殖单位（户）可实施早期断乳，使用代乳料饲喂羔羊，羔羊断乳前应减少多汁饲料、青贮饲料和精料的喂量，防止母羊发生乳腺炎。

哺乳期建议日粮配方（%）：玉米 10.44，麦麸 1.8，棉籽饼 5.4，苜蓿草粉 22，杂草粉 22，棉籽壳 38，骨粉 0.36。营养水平：消化能 16.5 MJ/kg，粗蛋白质 11.6%，钙 0.98%，磷 0.42%。

六、育肥羊的饲养

羊肉是养羊业中的主要产品，凡不留作种用的成、幼年公羊和羯羊以及失去繁殖能力的母羊都应先经育肥再行宰杀。经过育肥的羊屠宰率高，肉质鲜嫩，同时产肉多，可增加养羊收入。

（一）育肥原理

育肥是为了在短期内迅速增加肉量、改善肉质，生产品质优良的毛皮。育肥的原理就是一方面增加营养的储积；另一方面减少营养的消耗，使同化作用在短期内大量地超过异化作用，这就使摄入的养分除了维持生命之外，还有大量的营养蓄积体内，形成肉与脂肪。由于形成肉与脂肪的主要饲料原料是蛋白质、脂肪和淀粉，因此在育肥饲养时必须投入较多的精料，在育肥羊能够消化吸收的限度内充分供给精料。

（二）育肥羊的来源

（1）早期断奶的羔羊

一般是指 1.5 月龄左右的羔羊，育肥 50 ～ 60 天，4 月龄前出售，这是目前世界上羔羊肉生产的主流趋势。该育肥胴体质量好，价格高。

（2）断奶后的羔羊

3 ～ 4 月龄羔羊断奶后育肥是当前肉羊生产的主要方式，因为断奶羔羊除小部分选留到后备羊群外，大部分要进行育肥处理。

（3）成年淘汰羊

主要是指秋季选择淘汰的老母羊和瘦弱羊为育肥羊，这是目前我国牧区及半农半牧区羊肉生产的主要方式。

（三）羔羊育肥

绵羊肥羔生长发育快，饲料报酬高，产品成本低。随着市场对羊肉需要量的增长及优质肥羔肉价格的不断提高，肉羊肥羔生产也越来越受到养羊生产者的重视。育肥羔羊包括生长过程和育肥过程（脂肪蓄积），羔羊的增重来源于生长部分和育肥部分，生长是肌肉组织和骨骼的增加；育肥是脂肪的增加。肌肉组织主要是蛋白质，骨骼则由钙、磷所构成。

1. 断奶羔羊育肥的注意事项

在预饲期，每天喂料 2 次，每次投料量以 30 ～ 45 分钟吃净为佳，不够再添，量多则要清扫；加大喂量和变换饲料配方都应在 3 天内完成。断奶后羔羊运出之前应先集中，空腹一夜后次日早晨称重运出；入舍羊应保持安静，供足饮水，第 1 ～ 2 天只喂一般易消化的干草；全面驱虫和预防注射。要根据羔羊的体格强弱及采食行为差异调整日粮类型。

2. 预饲期

预饲期大约为 15 天，可分为 3 个阶段。第一阶段为第 1 ～ 6 天，其中第 1 ～ 3 天只喂干草，让羔羊适应新的环境，从第 3 天起逐步用第二阶段日粮更换干草，第 6 天换完；第二阶段为第 7 ～ 10 天，日粮配方为：玉米粒 25%、干草 65%、糖蜜 5%、油饼 0.78%、磷 0.24%，精饲料和粗饲料比为 36:64；第三阶段为第 11 ～ 15 天，日粮配方为：玉米粒 39%、干草 50%、糖蜜 5%、油饼 0.62%，精饲料和粗饲料比为 50:50。预饲期于第 15 天结束后，转入正式育肥期。

3. 正式育肥期日粮配制

（1）精饲料型日粮

精饲料型日粮仅适于体重较大的健壮羔羊育肥用，如初期重 35 kg 左右，经 40 ～ 55 天的强度育肥，出栏体重达到 48 ～ 50 kg。日粮配方为：玉米粒 96%，蛋白质平衡剂 4%，矿物质自由采食。其中，蛋白质平衡剂的成分为上等苜蓿 62%、尿素 31%、黏固剂 4%、磷酸氢钙 3%，经粉碎均匀后制成直径 0.6 cm 的颗粒；矿物质成分为石灰石 50%、氯化钾 15%、硫酸钾 5%，微量元素和盐成分是在日常喂盐、钙、磷之外，再加入双倍食盐量的骨粉，具体比例为食盐 32%，骨粉 65%，多种微量元素 3%。本日粮配方中，1 kg 风干饲料含蛋白质 12.5%，总消化养分 85%。

管理上要保证羔羊每只每天食入粗饲料 45 ～ 90 g，可以单独喂给少量秸秆，也可用秸秆当垫草来满足。进圈羊活重较大，绵羊为 35 kg 左右，山羊 20 kg 左右。进圈羊休息 3 ～ 5 天注射三联疫苗，预防肠毒血症，隔 14 ～ 15 天再注射 1 次。保证饮水，从外地购来的羊要在水中加抗生素，连服 5 天。在用自动饲槽时，要保持槽内饲料不出现间断，每只羔羊应占有 7 ～ 8 cm 的槽位。羔羊对饲料的适应期一般不低于 10 天。

（2）粗饲料型日粮

粗饲料型日粮可按投料方式分为两种，一种为普通饲槽用，将精饲料和粗饲料分开喂给；另一种为自动饲槽用，将精饲料和粗饲料合在一起喂给。为减少饲料浪费，对有一定规模的肉羊饲养场，自动饲槽用粗饲料型日粮。自动饲槽日粮中干草以豆科牧草为主，其蛋白质含量不低于 14%。按照渐加慢换原则，逐步转到育肥日粮的全喂量方案。每只羔羊每天喂量按 1.5 kg 计算，自动饲槽内装足 1 天用量，每天投料 1 次。要注意不能让槽内饲料流空。配制出来的日粮在质量上要一致。带穗玉米要碾碎，以羔羊难以从中挑出玉米粒的标准为宜。

（3）青贮饲料型日粮

以玉米青贮饲料为主的日粮，可占到日粮的 67.5% ～ 87.5%，不宜应用于育肥初期的羔羊和短期强度育肥羔羊，可用于育肥期在 80 天以上的体小羔羊。育肥羔羊开始应喂预饲期日粮 10 ～ 14 天，再转用青贮饲料型日粮。严格按日粮配方比例混合均匀，尤其是石灰石粉不可缺少。要达到预期日增重 110 ～ 160 g，羔羊每天进食量不能低于 2.3 kg。

配方有二种可以使用：①碎玉米粒 27%、青贮玉米 67.5%、黄豆饼 0.5%、石灰石粉 0.5%，每千克饲料含维生素 A 1100 国际单位、维生素 D 110 国际单位、抗生素 11 mg。此配方中，风干饲料含蛋白质 11.31%、总消化养分 70.9%、钙 0.47%、磷 0.29%。②碎玉米粒 8.75%、青贮玉米 87.5%、蛋白质补充料 3.5%、石灰石 0.25%，每千克饲料中含维生素 A 825 国际单位、维生素 D 83 国际单位、抗生素 11 mg。此配方中，风干饲料中含蛋白质 11.31%、总消化养分 63.0%、钙 0.45%、磷 0.21%。

（四）成年羊育肥

成年羊育肥，主要利用淘汰的公羊和母羊，加料催肥，适时宰杀，供应市场。这种方法成本低、简单易行。成年羊骨架发育已经完成，如育肥得当，也可得到较好的育肥效果。需要注意的是，供育肥的公羊应去势，去势后可以做到更好地育肥，改善肉的品质。产区群众对于成年羊的育肥有着丰富的经验。成年公羊育肥以利用农副产品和精料为主，比如将大豆、豌豆、大麦或饼类煮熟，强力饲喂，并补以鲜、干青草，育肥效果很好。有的则采用夏、秋季节放牧抓膘，或在秋茬补精料、春节前膘壮时屠宰，这样可使市场上得到物美价廉的羊肉。

总之，不论是育肥羔羊还是成年羊，供给羊的营养物质必须超过它本身的维持营养需要量才有可能在羊体内蓄积肌肉和脂肪。成年羊体重的增加主要是脂肪的增加，羔羊生长的主要是肌肉，因此，育肥羔羊比育肥成年羊需要更多的蛋白质。就育肥效果来说，育肥羔羊比育肥成年羊更有利，因为羔羊增重较成年羊要快。

（五）育肥羊的管理

肉羊在育肥前要驱虫，搞好日常清洁卫生和防疫工作，减少疾病和寄生虫对育肥羊的损害。每出栏一批育肥羊，都要对羊舍彻底清扫、冲洗和消毒，防止疾病传播和寄生虫滋生。育肥期间保持圈舍和场地安静，通风良好，减少育肥羊的活动，减少消耗，以提高日增重。气温低于 0℃时要注意防寒，气温高于 27℃时要做好防暑工作，炎热的夏天一般不宜进行强度育肥。

（六）影响羊育肥的因素

1. 品种

品种因素是影响羊育肥的内在遗传因素。充分利用国外培育的专门化肉羊品种，是追求母羊性成熟早、全年发情、产羔率高、泌乳力强，以及羔羊生长发育快、成熟早、饲料报酬高、肉用性能好等理想目标的捷径。

2. 品种间的杂交

品种间的杂交直接影响羊的育肥效果。国外的羊肉生产国普遍采用利用杂种优势生产羔羊肉这一方法。他们把高繁殖率与优良肉用品质相结合，采用 3 个或 4 个品种杂交，保持高度的杂种优势。据测定，两个品种杂交的羔羊肉产量比纯种亲本提高约 12%，在杂交中每增加一个品种，产量提高 8%～12%。

3. 育肥羊的年龄

年龄因素对育肥效果的影响很大。年龄越小，生长发育速度越快，育肥效果越好。羔羊在生后几个月内生长快，饲料报酬高，周转快，成本低，收益大。同时，由于肥羔具有瘦肉多、脂肪少、肉品鲜嫩多汁、易消化、膻味轻等优点，深受市场欢迎。

4. 日粮的营养水平

同一品种在不同的营养条件下，育肥增重效果差异很大。

七、生态养羊管理技术

（一）分群管理

1. 种羊场羊群

一般分为繁殖母羊群、育成母羊群、育成公羊群、羔羊群及成年公羊群。一般不留羯羊群。

2. 商品羊场羊群

一般分为繁殖母羊群、育成母羊群、羔羊群、公羊群及羯羊群，一般不专门组织育成公羊群。

3. 肉羊场羊群

一般分为繁殖母羊群、后备羊群及商品育肥羊群。

4. 羊群大小

一般细毛羊母羊为 200 ～ 300 只，粗毛羊 400 ～ 500 只，羯羊 800 ～ 1 000 只，育成母羊 200 ～ 300 只，育成公羊 200 只。

（二）编号

为了便于辨认个体与记录，应对每只羊进行编号。编号的方法有耳标法、刺字法、剪耳法及烙字法 4 种，当前采用较多的是耳标法。

1. 耳标法

耳标由塑料制成，有圆形和长方形两种。长方形的耳标在多灌木的地区放牧时容易被挂掉，圆形的比较牢靠。舍饲羊群多采用长方形耳标。耳标编号上应反映出羊的品种、出生年份、性别、单双羔及个体顺序号，通常插于左耳基部。编号采用 6 位数，即 ABCDDD：A 为年号的尾数，B 为品种代号，C 为种公羊代号，D 为羊个体顺序号，单号为公羔，双号为母羔。如 2009 年出生的德肉美（代号设为 1）公、母羔羊各 1 只，其父代号为 3 号，其编号为：公羔 913001，母羔 913002。

2. 剪耳法

剪耳法是用专门的剪刀钳在羊的耳朵上打缺口或圆孔来代表羊号。

（三）捕羊和导羊前进

捕羊和导羊前进是羊群管理上经常遇到的工作。正确的捕捉方法是：趁羊不备时，迅速抓住羊的左后肢或右后肢飞节以上部位。当羊群鉴定或分群时，必须把羊引导到指定的地点。羊的性情很倔强，不能扳住羊头或犄角使劲牵拉，人越使劲，羊越往后退。正确的方法是：用一只手扶在羊的颈下，以便左右其方向，另一只手放羊尾根处，为羊搔痒，羊即前进。

（四）羔羊去势

为了提高羊群品质，每年对不做种用的公羊都应该去势，以防杂交乱配。去势俗称阉割，去势的羔羊被称为羯羊。去势后公羊性情温顺，便于管理，易于育肥，肉无膻味，且肉质细嫩。性成熟前屠宰上市的肥羔一般不用去势。公羔去势的时间为生后 2～3 周，天气寒冷亦可适当推迟，不可过早或过晚，过早则睾丸小，去势困难；过晚则睾丸大，切口大，出血多，易感染。

去势方法通常有 4 种，即刀切法、结扎法、去势钳法及化学去势法，常用的是刀切法和结扎法。

1. 刀切法

由一个人固定羔羊的四肢，用手抓住四蹄，使羊腹部向外，另一个人将阴囊上的毛剪掉，再在阴囊下 1/3 处涂以碘酒消毒，左手握住阴囊根部，将睾丸挤向底部，用消毒过的手术刀将阴囊割破，把睾丸挤出，慢慢拉断血管与精索。用同样方法取出另一侧睾丸。阴囊切口内撒消炎粉，阴囊切口处用碘酒消毒。去势时，羔羊要放在干净圈舍内，保持干燥清洁，不要急于放牧，以防感染或过量运动引起出血。过 1～2 天须检查一次，如发现阴囊肿胀，可挤出其中血水，再涂抹碘酒和消炎粉。在破伤风疫区，在去势前应对羔羊注射破伤风抗毒素。

2. 结扎法

结扎法常在羔羊出生 1 周后进行。操作时将睾丸挤于阴囊内，用橡皮筋将阴囊紧紧结扎，经半个月后，阴囊及睾丸血液供应断绝而萎缩并自行脱落。另一种方法是，将睾丸挤回腹腔，在阴囊基部结扎，使阴囊脱落，睾丸留在腹内，失去精子形成条件，以此达到去势的目的。

（五）去角

有些奶山羊和绒山羊长角，这给管理带来很大的不便。个别性情暴躁的种公羊还会攻击饲养员,造成人身伤害。为了便于管理工作,羔羊在生后 10 天内需进行去角。

去角方法有以下两种:

1. 化学去角法

一般用棒状苛性钠(氢氧化钠)在角基部摩擦,破坏其皮肤及角原组织。操作方法:先把羔羊固定住,然后摸到头部长角的角基,用剪子剪掉周围的毛,并涂以凡士林,防止碱液损伤到别处的皮肤。将表皮摩擦至有血液浸出为止,以破坏角的生长芽。去角时应防止苛性钠摩擦过度,否则易造成出血或角基部凹陷。

2. 烧烙法

将烙铁置于炭火中烧至暗红,或用功率为 300W 的电烙铁对羔羊的角基部进行烧烙。烧烙的次数可多一点,但是须注意烧烙时间不要超过 10 秒钟,当表层皮肤破坏并伤及角原组织后可结束,应注意对术部进行消毒处理。

(六)断尾

细毛羊与二代以上的杂种羊,尾巴细长,转动不灵,易使肛门与大腿部位很脏,也不便于交配,因此需要断尾。断尾一般在羔羊出生后 1 周内进行,将尾巴在距离尾根 4 ~ 5 cm 处断掉,所留长度以遮住肛门及阴部为宜。通常断尾方法有热断法和结扎法两种。

1. 热断法

断尾前先准备一块中间留有圆孔的木板,将尾巴套进,盖住肛门,然后用烙铁断尾器在羔羊的第 3 ~ 4 节尾椎间慢慢切断。这种方法既能止血又能消毒。如断尾后仍有出血,应再烧烙止血。最后用碘酒消毒。

2. 结扎法

结扎法是用橡皮筋或专用的橡皮圈,套在羔羊尾巴的第 3 ~ 4 尾椎间,断绝血液流通,经 7 ~ 10 天后,下端尾巴因断绝血流而萎缩、干枯,从而自行脱落。这种方法不流血,无感染,操作简便,还可避免感染破伤风。

(七)羊年龄鉴定

羊年龄的鉴定可根据门齿状况、耳标号和烙角号来确定。

1. 根据门齿状况鉴定年龄

绵羊的门齿依其发育阶段分作乳齿和永久齿。

幼年羊乳齿计 20 枚,随着绵羊的生长发育,逐渐更换为永久齿,成年时达 32 枚。乳齿小而白,永久齿大而微带黄色。上、下腭各有白齿 12 枚(每边各 6 枚),下腭有门齿 8 枚,上腭没有门齿。

羔羊初生时下腭即有门齿（乳齿）1对，生后不久长出第2对门齿，生后2～3周长出第3对门齿，第4对门齿于生后3～4周时出现。第1对乳齿脱落更换成永久齿时年龄为1.0～1.5岁，更换第2对时年龄为1.5～2.0岁，更换第3对时年龄为2～3岁，更换第4对时年龄为3～4岁。4对乳齿完全更换为永久齿时，一般称为"齐口"或"满口"。

4岁以上的绵羊根据门齿磨损程度鉴定年龄：一般绵羊到5岁以上牙齿即出现磨损，称"老满口"；6～7岁时门齿已有松动或脱落，这时称为"破口"；门齿出现齿缝、牙床上只剩点状齿时，年龄已达8岁以上，称为"老口"。

绵羊牙齿的更换时间及磨损程度受很多因素的影响。一般早熟品种羊换牙比其他品种早6～9个月完成，个体不同对换牙时间也有影响。此外，与绵羊采食的饲料亦有关系，如采食粗硬的秸秆可使牙齿磨损加快。

2. 根据耳标号、烙角号判断年龄

现在生产中最常用的年龄鉴定还是根据耳标号、烙角号（公羊）进行。一般编号的头一个数是出生年度，这个方法准确、方便。

（八）剪毛和抓绒

1. 剪毛

（1）剪毛时间

细毛羊、半细毛羊只在春天剪毛一次，如果一年剪毛2次，则羊毛的长度达不到精纺要求，羊毛价格低，影响收入；粗毛羊可一年剪毛2次。剪毛的时间应根据当地的气温条件和羊群的膘情而定，最好在气温比较稳定和羊只膘情恢复后进行。我国西北牧区一般在5月下旬至6月上旬剪毛；高寒牧区在6月下旬至7月上旬剪毛；农区在4月中旬至5月上旬剪毛。过早剪毛，羊只易遭受冷冻，造成应激；过晚剪毛，一是会阻碍体热散发，羊只感到不适而影响生产性能，二是羊毛会自行脱落而造成损失。

（2）剪毛方法

剪毛应先从价值低的羊群开始，借以熟练剪毛技术。从品种讲，先剪粗毛羊，后剪半细毛羊、杂种羊，最后剪细毛羊。同品种羊剪毛的先后，可按羯羊、公羊、育成羊和带羔母羊的顺序进行。先将羊的左侧前后肢捆住，使羊左侧卧地，先由后肋向前肋直线剪开，然后按与此平行方向剪腹部及胸部毛，再剪前、后腿毛，最后剪头部毛，一直将羊的半身毛剪至背中线。再用同样方法剪另一侧毛。

（3）注意事项

剪毛前 12 ～ 24 小时不应饮水、补饲和过度放牧，以防剪毛时翻转羊体引起肠扭转等事故发生。剪毛时动作要轻、要快，应紧贴皮肤，留茬高度应保持在 0.3 ～ 0.5 cm 为宜。毛茬过高影响剪毛量和毛的长度，过低又易伤及皮肤。剪毛时，即使毛茬过高或剪毛不整齐，也不要重新修剪，因为二刀毛剪下来极短，无纺织价值，不如留下来下次再剪。剪毛时注意不要剪到母羊的奶头及公羊阴茎和睾丸；剪毛场地事先须打扫干净，以防杂物混入毛中，影响羊毛的质量和等级；剪毛时应尽量保持完套毛，切忌随意撕成碎片，否则不利于工厂选毛。羊毛的包装须使用布包，使用麻包包装羊毛，以免麻丝混入毛中影响纺织和染色。

2. 抓绒

山羊抓绒的时间一般在 4 月份，当羊绒的毛根开始出现松动时进行。一般情况下，常通过检查山羊耳根、眼圈四周毛绒的脱落情况来判断抓绒的时间。这些部位绒毛毛根松动较早。山羊脱绒的一般规律是：体况好的羊先脱，体弱的羊后脱；成年羊先脱，育成羊后脱；母羊先脱，公羊后脱。抓绒的方法有两种：①先剪去外层长毛后抓绒；②先抓绒后剪毛。抓绒工具是特制的铁梳，有两种类型：密梳通常由 12 ～ 14 根钢丝组成，钢丝相距 0.5 ～ 1.0 cm；稀梳通常由 7 ～ 8 根铁丝组成，相距 2.0 ～ 2.5 cm。钢丝直径 0.3 cm 左右，弯曲成钩尖，尖端磨成圆秃形，以减轻对羊皮肤的损伤。抓绒时需将羊的头部及四肢固定好，先用稀梳顺毛沿颈、肩、背、腰、股等部位由上而下将毛梳顺，再用密梳作反方向梳刮。抓绒时，梳子要贴紧皮肤，用力均匀，不能用力过猛，防止抓破皮肤。第一次抓绒后，过 7 天左右再抓一次，尽可能将绒抓净。

（九）药浴和驱虫

1. 药浴

定期药浴是羊饲养管理的重要环节。药浴的目的主要是防止羊虱子、蜱、疥癣等体外寄生虫病的发生。这些羊体外寄生虫病对养羊业危害很大，不仅造成脱毛损失，更主要的是羊只感染后会出现瘙痒不安、采食减少、逐渐消瘦的症状，严重者造成死亡。

药浴一般在剪毛后 10 ～ 15 天进行，这时羊皮肤的创口已基本愈合，毛茬较短，药液容易浸透，防治效果好。药浴应选择晴朗、暖和、无风的上午进行。在药浴前 8 小时停止喂料；在入浴前 2 ～ 3 小时，给羊饮足水，以免羊进入药浴池后因为干渴而喝药水中毒。

常用的药浴药物有杀虫脒、净螨、蝇毒磷、敌百虫等。药浴的方法有池浴法和喷雾法。

池浴法在药浴池中进行，药液深度可根据羊的体高而定，以能淹没羊全身为宜。入浴时羊鱼贯而行，药浴持续时间为 2 ~ 3 分钟。药浴池出口处设有滴流台，出浴后羊在滴流台上停留 20 分钟，使羊体上的药液滴下来流回药浴池。药浴的羊只较多时，中途应补充水和药物，使药液保持适宜的浓度。对羊的头部，需要人工淋洗，但是要避免将药液灌入羊的口中。药浴的原则是：健康羊先浴，有病的羊最后浴。怀孕 2 个月以上的羊一般不进行药浴。

喷雾法是将药液装在喷雾器内，对羊全身及羊舍进行喷雾。

2. 驱虫

羊的寄生虫病是养羊业中最常见的多发病之一，是影响养羊生产的重大隐患，是养羊业的大敌。羊的寄生虫病不仅影响家畜的生长发育，降低饲料的利用率，使家畜的生产性能降低，同时它造成的经济损失比家畜急性死亡所造成的经济损失更大，是引起羊只春季死亡的主要原因之一。

（1）驱虫方法

①科学用药：选购驱虫药时要遵循"高效、低毒、广谱、价廉、方便"的原则。根据不同畜禽品种，选药要正确，投药要科学，剂量要适当。当一种药使用无效或长期使用后要考虑换新的驱虫药，以免畜禽产生抗药性。

②选择最佳驱虫时间：羊只体内外的寄生虫活动具有一定规律性，要依据对寄生虫生活史和流行病学的了解，制订有针对性的方案，选择最适宜的时间进行驱虫。羊的驱虫通常在早春的 2 ~ 3 月间和秋末的 9 ~ 10 月间进行，幼畜最好安排在每年的 8 ~ 10 月间进行首次驱虫。若进行冬季驱虫，可将防治工作的重点由成虫转向幼虫，将虫体消灭在成熟产卵之前。由于气候寒冷，大多数的寄生虫卵和幼虫是不能发育和越冬的，所以冬季驱虫可以大大减少对牧草的污染，有利于保护环境，同时也可预防羊只再次感染和减少再次感染的机会。

③必须做驱虫试验：要先在小范围内进行驱虫试验。一般分为对照组和试验组，每组头（只）数不能少于 3 头（只），一般每组 4 ~ 5 头（只）。在确定药物安全可靠和驱虫效果后，再进行大群、大面积驱虫。

④驱虫前绝食：绵羊驱虫前要绝食。但究竟绝食多长时间，各说不一。有资料介绍，驱虫前一天即不放牧不喂饲，或前一天的下午绝食。对此有学者专门做过多次试验，结果表明，驱虫前绝食时间不能过长，只要夜间不放不喂，于早晨空腹时投药，其治疗效果与绝食一天并无区别。驱虫前绝食时间太长，不但会影响绵羊抓膘，也易因腹内过于空虚而中毒甚至死亡。

（2）使用驱虫药物的注意事项

①丙硫苯咪唑对线虫的成虫、幼虫和吸虫、绦虫都有驱杀作用，但对疥螨等体外寄生虫无效。驱杀吸虫、绦虫时所用的药物用量应比驱杀线条虫时用量大一些。有报道称，丙硫苯咪唑对胚胎有致畸作用，所以对妊娠母羊使用该药时要特别慎重，母羊最好在配种前先驱虫。

②有些驱虫药物，如果长期单一使用或用药不合理，寄生虫对药产生了抗药性，有时会造成驱虫效果不好。抗药性可以通过减少用药次数，合理用药，交叉用药的方式合理解决。当对某药物产生了抗药性时，可以更换药物。

第六章 生态养鸭技术

第一节 生态鸭场的建设和环境控制

一、生态鸭场的场址选择

生态鸭场的场址是鸭生活和生产的场所，其日常生产和管理对鸭的健康状况、生产性能的发挥及养殖效益都有重要影响。场址选择必须考虑建场地点的自然条件和社会条件，并考虑以后发展的可能性。

（一）场址选择的要求

1. 位置

鸭场既是污染源，也容易受到污染。鸭场生产产品的同时，也需要大量的饲料。因此，选择的鸭场场地要兼顾交通和隔离防疫的需要，既要便于交通又要便于隔离防疫。鸭场要濒临水源，靠近放牧地。中小型鸭场要与村庄或居民点保持 200～500 m 的距离，又要远离屠宰场、畜产品加工场、兽医院、医院、造纸厂、化工厂等污染源，还要远离噪声大的工矿企业，远离其他养殖企业；鸭场要有充足稳定的电源。周边环境要安全。

2. 地形地势

（1）地形

地形指场地形状、大小和地物（场地上的房屋、树木、河流、沟坎）情况。作为鸭场场地，要求地形整齐开阔，有足够的面积。地形整齐便于合理布置鸭场建筑和各种设施，并能提高场地面积利用率；地形狭长往往影响建筑物合理布局，拉长了生产作业线，并给场内运输和管理造成不便；地形不规则或边角太多，会使建筑物布局零乱，增加场地周围隔离防疫墙或沟的投资。场地要特别避开西北方向的山口或长形谷地，否则，冬季风速过大，会严重影响场区和鸭舍的温热环境。场地面积要大小适宜，符合生产规模，并考虑今后的发展需要，周围不能有高大建筑物。

（2）地势的高低起伏状况

场地要求地势高燥，平坦或稍有坡度（1%～3%）。如果要在坡地建场，要向阳背风，坡度最大不超过1%；如果要在山区建场，不能建在山顶，也不能建在山谷，应建在南面半坡较为平坦的地方。场地地势高燥，排水良好，阳光充足，不利于微生物和寄生虫的滋生繁殖。如果地势低洼，场地容易积水，夏季通风不良，空气闷热，蚊、蝇、蜱、螨等媒介昆虫易于滋生繁殖，冬季则阴冷。

（3）朝向

如果采用传统的半舍饲或放牧，以坐北朝南为最佳。鸭舍的位置要放在水面的北侧，鸭滩和水上运动场放在鸭舍的南面，使鸭舍的大门正对水面向南开放。这种朝向的鸭舍，冬季采光面积大、吸热保温效果好；夏季又不受太阳直晒、通风好，具有冬暖夏凉的特点，有利于鸭产蛋和生长发育。

3.土壤

（1）土壤的类型及特点

土壤可分为沙土、壤土和沙壤土。沙土的透气透水性好，易干燥，抗压性强，适宜建筑，但昼夜温差大；壤土的透气透水性差，不易干燥，抗压性差，建筑成本高；沙壤土介于沙土和壤土之间，既有一定的透气透水性，易干燥，又有一定的抗压性，昼夜温度稳定。

（2）土壤的要求

鸭场场地土壤有以下要求：一是透气透水性能好。透水透气性能差、吸湿性大的土壤，受到粪便等有机物污染后在厌氧条件下分解产生氨、硫化氢等有害气体，污染场区空气。污染物和分解物易通过土壤的空隙或毛细管被带到浅层地下水中或被降水冲集到地面水源，进而污染水源，潮湿的土壤是微生物存活和滋生的良好场所。二是洁净未被污染。被污染的场地含有大量的病原微生物，易引起鸭群发病。三是承载能力强。土壤要有一定的抗压性，适宜建筑。四是考虑土壤的化学成分。土壤中的化学成分通过水源、植物影响到鸭的健康和生产。

4.水源

鸭是水禽，并且日常生活离不开水，所以鸭场的用水量大。用水可分为两部分：一是养殖人员及畜禽日常生活饮用水；二是其他用水，包括清洁用水、运动场用水等。养鸭场水源的水量应充足，能满足牧场人畜生活和生产、消防、灌溉及今后发展用水的需要（鸭场人员每人每天40升水，鸭每天1升水；夏天用水量更大），水质良好，取用方便，水源周围环境条件好，便于进行卫生防护。

种鸭场和蛋鸭场需要水面作为鸭群游水、交配的场所。因此，种鸭舍最好选在与天然水域相连的缓坡地修建，这样既可以不减少陆地运动场的面积，又能满足水禽喜水的生活习性。如果没有充足的天然水域，鸭也可以旱养，可以不必设置水上运动场，但饲养种鸭时要在陆上运动场设置充足的洗浴池，而肉鸭需有充足的饮水器（槽）。

5. 其他

鸭场的面积要适宜，应根据饲养规模、饲养方式和饲养密度确定鸭场面积。面积过小，鸭群密集，不利于卫生管理和鸭群健康。场址选择必须符合本地区农牧业生产发展的总体规划、土地利用规划和城乡建设发展规划用地要求，必须遵守合理利用土地的原则，不得占用基本农田，尽量利用荒地和劣质地建场。

（二）选址时需要重点考虑的问题

1. 鸭场的生物安全性

鸭场的生物安全性直接关系到鸭的健康和生产性能的发挥。生态养鸭的鸭场要建在农村，最好在山区，实行农、林、果、牧等结合。场址周围最好有面积较大的农田、果园、林地、池塘、蔬菜、苗木花卉等，以便低成本地处理鸭场产生的粪污，减少对环境的污染；鸭场周围要有较好的植被，可以形成天然的防疫屏障，有利于维持良好的环境。

2. 粪污处理方式

根据生态养鸭的饲养方式选择适宜的粪污处理方式，将废弃物及时处理，变废为宝。舍内饲养时，可以将粪便堆积发酵或烘干制成有机肥，污水采用沉淀池沉淀消毒处理，达标后才能排放；生态放养时，只要有充足的放养地，加之鸭粪污产量相对较少，可以充分利用放养地进行消纳粪污。

3. 配备合适的放养地

放养地要求有茂盛的青草、树木或果木，也可以种植牧草。放养地要平整，稍有坡度，排水良好。场地四周要有隔离网（由塑料网、铁丝网、竹片、木栏等材料制成），其高度既要阻挡鸭钻出，又要防止野兽侵入。牧地面积要与饲养规模相适应。

二、生态鸭场的规划布局

生态鸭场的规划布局就是根据拟建场地的环境条件，科学确定各区的位置，合理地确定各类房舍、道路、供排水和供电等管线、绿化带等的相对位置及场内防疫卫生的安排。合理地规划布局，才能经济有效地发挥各类建筑物的作用，有利于隔离病菌，减少疫病的发生。

（一）分区规划

鸭场通常根据生产功能分为生产区、生活区或管理区、隔离区等。分区规划要考虑主导风向和地势要求。

1. 管理区

生活区或管理区与社会联系密切，易导致疫病的传播和流行。该区的位置应靠近大门，并与生产区分开。外来人员只能在管理区活动，不得进入生产区。场外运输车辆不能进入生产区。车棚、车库均应设在管理区，除饲料库外，其他仓库亦应设在管理区。职工生活区应设在上风向和地势较高处，以免鸭场产生的不良气味、粪便及污水因风向和地面径流污染生活环境和造成疾病的传染。

2. 生产区

生产区是鸭生活和生产的场所，该区的主要建筑为各种鸭舍和生产辅助建筑物。生产区应位于全场的中心地带，地势低于管理区，并在其下风向。生产区内要分小区规划，育雏区、育成区和产蛋区严格分开，并加以隔离，日龄小的鸭群放在安全地带（上风向、地势高的地方）。在河道旁建场，育雏鸭舍和育成鸭舍常建在河道的上游，蛋鸭舍在其后。大型鸭场则可以专门设置育雏场、育成场（三段制）或育雏育成场（二段制）和成年鸭场，隔离效果更好，疾病发生机会更小。种鸭场、孵化场和商品鸭场应分开，且相距500 m以上。饲料库可以建在与生产区围墙同一平行线上。

3. 病鸭隔离区

病鸭隔离区主要是用来治疗、隔离和处理病鸭的场所。为防止疫病传播和蔓延，该区应在生产区的下风向，并在地势最低处，而且应远离生产区。隔离鸭舍应尽可能与外界隔绝。该区四周应有自然的或人工的隔离屏障，设单独的道路与出入口。

（二）鸭舍间距

鸭舍间距会影响鸭舍的通风、采光、卫生、防火。鸭舍之间距离过小，通风时，上风向鸭舍的污浊空气容易进入下风向鸭舍内，引起病原在鸭舍间传播；采光时，南边的建筑物遮挡北边建筑物；发生火灾时，很容易殃及全场的鸭舍及鸭群。如果鸭舍密集，场区的空气环境容易恶化，微粒、有害气体和微生物含量过高，容易引起鸭群发病。为了保持场区和鸭舍环境良好，鸭舍之间应保持适宜的距离。鸭舍间距如果能满足防疫、排污和防火间距的要求。

1. 通风要求

鸭舍间距太小，下风向鸭舍不能进行有效的通风，上风向鸭舍排出的污浊气体会进入下风向鸭舍。鸭舍借助通风系统经常排出污秽气体和水汽，这些气体和水汽中夹杂着饲料粉尘和微粒，如某栋鸭舍中的鸭群发生了疫情，病原菌常常通过排出的微粒而携带出来，威胁相邻的鸭群。为此，以通风要求来确定鸭舍间距。若鸭舍高度为 H，开放型鸭舍间距应为 5H；对于密闭鸭舍，由于现在鸭舍的通风换气多采用纵向通风，影响不大，3H 的间距足可满足防疫要求。

2. 排污要求

鸭舍间距的大小，也影响各栋鸭舍的污秽气体及其他物质，如氨、二氧化碳、硫化氢等鸭体代谢和粪污发酵腐败所产生的气体，以及粉尘、毛屑等有毒有害物质的排放。合理地组织场区通风，使鸭舍长轴与主导风向形成一定的角度，可以以较小的鸭舍间距达到较好的排污效果，提高土地利用率。如使鸭舍长轴与主导风向所夹角为 30°～60°，用 3H～5H 的鸭舍间距，就可达到排污的要求。

3. 防火要求

消除隐患，防止事故发生是安全生产的保证。鸭场的防火问题，除了确定建筑材料抗燃性能以外，建筑物的防火间距也是一项主要防火措施，一般 3H～5H 的鸭舍间距既满足防疫要求，也能满足防火的要求。

（三）道路和储粪场

1. 道路

鸭场设置清洁道和污染道。清洁道供运送设备用具，饲料和新鸭；污染道供清粪，运送病死鸭和淘汰鸭。清洁道和污染道不交叉。

2. 储粪场

鸭场设置粪便处理区。粪场可设置在多列鸭舍的中间，靠近道路，有利于粪便的清理和运输。储粪场（池）设在生产区和鸭舍的下风处，与住宅、鸭舍之间保持有一定的卫生间距（距鸭舍 30～50 m），并应便于运往农田或其他处理。储粪池的深度以不受地下水浸渍为宜，底部应较结实。储粪场和污水池要进行防渗处理，以防粪液渗漏流失污染水源和土壤。储粪场底部应有坡度，使粪水可流向一侧或集液井，以便取用。储粪池的大小应根据每天鸭只排粪量多少及储藏时间长短而定。

（四）运动场

陆上运动场是鸭子吃食、梳理羽毛和昼间小憩的场所，其面积应大于鸭舍面积。由于鸭脚短，不平的地面常使其跌倒碰伤，不利于鸭群活动。因此，要求运动场地面平整，略向水面倾斜，不允许坑坑洼洼，以免蓄积污水。陆上运动场起码应用三合土夯实。在运动场和水面连接的倾斜处，要用水泥沙石砌好，以防水浪冲击后泥土塌陷；斜坡要倾斜 25°～30°，且延伸到枯水期的最低水位线以下。陆上运动场要求坚固、平整，有条件和资金充足的养鸭场，最好将整个鸭滩用水泥沙石抹上，这样既坚固，又方便冲洗鸭粪。

水上运动场是鸭子玩耍嬉戏、繁殖交尾、捕食鱼虾的场所，通常水上运动场的面积应大于陆上运动场。一般每 100 只鸭需要的水上运动场面积为 10～40 m²，有条件的地方要尽可能使面积大一些。通常鸭舍和运动场是根据鸭子的分群而用围栏隔成一块一块的。围栏高度根据需要而定，陆上运动场围栏高度为 50～60 cm，水上围栏高度应超过最高水位 50 cm，深入水下 1 m 以上。也可做成活动围栏，围栏高 1.5～2.0 m，绑在固定的桩上，视水位高低灵活升降，保持水上 50 cm，水下 50～100 cm。若用于育种或饲养试验的鸭舍，围栏应深入水底，以免串群（鸭旱养也可以不设水上运动场）。

饲养时鸭群不宜过大，可将鸭群分到若干个小间饲养，分隔成的小间大小，应根据鸭舍每间的宽度而定。一般肉用仔鸭每群 100 只左右，7 m 跨度（1 m 走道）的鸭舍用 1 间，每间约 3.5 m 宽，种鸭群每群 30 只，5 m 跨度（1 m 走道）的鸭舍用 1 间，每间约 3.5 m 宽，分隔成的小间为 14 m² 的饲养面积。隔间可用网眼较小的铁丝网分隔，尽量少用尼龙网分隔，以免鸭头经常伸入网眼内被套住受损，严重时造成窒息。

（五）绿化

绿化可以明显改善鸭场的温热、湿度和气流等状况。夏季，良好的绿化能够降低环境温度。其原因有以下几方面：

一是植物的叶面面积较大，叶面通过蒸腾作用和光合作用，可吸收大量的太阳辐射热，从而明显降低空气温度；

二是植物的根部能保持大量的水分，也可从地面吸收大量热能；

三是绿化可以遮阳，减少太阳的辐射热。茂盛的树木能挡住 50%～90% 的太阳辐射热，草地上的草可挡住 80% 的太阳光。

在鸭舍的西侧和南侧搭架种植爬蔓植物，在南墙窗口和屋顶上形成绿荫棚，可以挡住阳光进入舍内。夏季，绿地气温比非绿地低 3℃～5℃，草地的地温比空旷裸露的地表温度低得更多；冬季，绿地的平均温度及最高温度均比没有绿化的低，但最低温度较高，降低了冬季严寒时的温度日较差，昼夜气温变化小。另外，绿化林带对风速有明显的减弱作用，因气流在穿过树木时被阻截、摩擦和过筛等作用而被分成许多小涡流，这些小涡流方向不一，彼此摩擦可消耗气流的能量，故可降低风速，冬季能降低风速20%，其他季节可降低50%～80%。场区北侧的绿化可以降低寒风的风力，减少寒风的侵袭，这些都有利于鸭场温热环境的稳定。绿化可以增加空气的湿度。绿化区风速小，空气的乱流交换较弱，土壤和植物蒸发的水分不易扩散，空气中的绝对湿度普遍高于未绿化地区。由于绝对湿度大，平均气温低，因而相对湿度高出未绿化地区10%～20%，甚至可达30%。

（六）配套隔离设施

1. 隔离墙（或防疫沟）

鸭场周围（尤其是生产区周围）要设置隔离墙，墙体严实，高度在2.5～3.0 m，或沿场界周围挖深1.7 m、宽2 m的防疫沟，沟底和两壁硬化并放上水，沟内侧设置15～18 m的铁丝网，避免闲杂人员和其他动物随便进入鸭场。

2. 消毒池和消毒室

鸭场大门设置消毒室（或淋浴消毒室）和车辆消毒池，供进入人员、设备和用具的消毒。生产区中每栋建筑物门前要有消毒池。可以在与生产区围墙同一平行线上建蛋盘、蛋箱和鸭笼消毒池。

3. 独立的供水系统

有条件的鸭场要自建水井或水塔，用管道接送到鸭舍。

4. 场内的排水设施

场内排水系统多设置在各种道路的两旁及鸭舍的四周，利用鸭场场地的倾斜度，使雨水及污水流入沟中，排到指定地点进行处理。排水沟分明沟和暗沟。明沟夏天臭气明显，容易清理，明沟不应过深（<30 cm）。暗沟可以减少臭气对鸭场环境的污染，可用砖砌或利用水泥管，其宽度、深度可根据场地地势及排水量而定。如暗沟过长，则应设沉淀井，以免污物淤塞，影响排水。此外，暗沟应深达冻土层以下，以免受冻而阻塞。

三、鸭舍的设计与建设

鸭舍是鸭生存和生产的场所。鸭舍的设计和建造是否科学、舍内设施是否配套，这些直接决定着鸭生活环境的优劣，从而影响着鸭的健康和生产性能的发挥。

（一）鸭舍的类型

鸭舍类型主要分为放养鸭舍和圈养鸭舍。放养鸭舍由鸭棚、鸭滩、水围等几部分组成。圈养鸭舍可分为育雏鸭舍、育成鸭舍、产蛋鸭舍、肉鸭舍和种鸭舍等。

1. 放养鸭舍

放养鸭舍分临时性简易鸭舍和长期性固定鸭舍两大类。我国东南各省区的广大农村多在河塘边建造临时性简易放养鸭舍，这种简易棚舍投资少、建造快、经济实惠、保温隔热性能好。尤其是用草做屋顶时，冬暖夏凉。草帘墙壁，夏天可卸下，通风凉爽；冬天可排得厚些、密些，甚至可在草帘上抹泥起到保温作用。而大规模的集约化饲养常采用圈养鸭舍，近几年创建的大中型鸭场大都是固定鸭舍。生产者可根据自己的条件和当地的资源情况选择一种合适的鸭舍。完整的平养鸭舍通常由鸭棚、鸭滩（陆上运动场）、水围（水上运动场）三部分组成。

（1）鸭棚

鸭棚最基本的要求是遮阳防晒，阻风挡雨，防寒保温和防止兽害。商品鸭舍每间的深度 8～10 m，宽度 7～8 m，近似于方形，便于鸭群在舍内做转圈活动，绝对不能把鸭舍分隔成狭窄的长方形，否则鸭子进舍转圈时，极容易踩踏致伤。通常养 1 000～2 000 只规模的小型鸭场，都是建 2～4 间（每间养500 只左右），然后再在边上建 3 个小间，作为仓库、饲料室和管理人员宿舍。

由于鸭的品种、日龄及各地气候不同，对鸭舍面积的要求也不一样。因此，在建造鸭舍，计算建筑面积时，要留有余地，适当放宽计划，在使用鸭舍时，要周密计划，充分利用建筑面积，提高鸭舍的利用率。使用鸭舍的原则是：单位面积内冬季可提高饲养密度，适当多养些；单位面积内夏季要少养些。面积大的鸭舍，饲养密度适当大些，面积小的鸭舍，饲养密度适当小些；运动场大的鸭舍，饲养密度可以大一些，运动场小的鸭舍，饲养密度应当小一些。

（2）鸭滩

鸭滩又称陆上运动场，一端紧连鸭舍，一端直通水面，可为鸭群提供采食、梳理羽毛和休息的场所，其面积应为鸭舍的 2 倍以上。鸭滩略向水面倾斜，以便排水。鸭滩的地面以水泥地为好，也可以是夯实的泥地，但必须平整，不允许坑坑洼洼，以免蓄积污水。有的鸭场把喂鸭后剩下的贝壳、螺蛳壳平铺在泥地的鸭滩上，这样，即使在大雨以后，鸭滩也不会积水，仍可保持干燥清洁。鸭滩连接水面之处，做成一个倾斜的小坡，此处是鸭群入水和上岸必经之地，使用率极高，而且还要受到水浪的冲击，很容易坍塌凹陷，因此必须用块石砌好，浇上水泥，把坡面修得很平整坚固，并且深入水中（最好在水位最低的枯水期内修建坡面），使鸭上下水很方便。此处不能为了省钱而简单修建，避免因场地凹凸不平招致伤残事故不断，从而造成重大的经济损失。

鸭滩上种植落叶的乔木或落叶的果树（如葡萄等），并用水泥砌成 1 m 高的围栏，以免鸭子入内啄伤幼树的枝叶，同时防止浓度很高的鸭粪肥水渗入树的根部致使树木死亡。在鸭滩上植树，不仅能美化环境，而且还能充分利用鸭滩的土地和剩余的肥料，促进树木和水果丰收，增加经济收入；同时，还可以在盛夏季节遮阳降温，使鸭舍和运动场的小环境比没有种树的地方温度下降。

（3）水围

水围即水上运动场，就是鸭洗澡、嬉耍的运动场所。其面积不要小于鸭滩，考虑到枯水季节水面要缩小，如条件许可，尽量把水围扩大些，有利于鸭群运动。

在鸭舍、鸭滩、水围这三部分的连接处，均须用围栏把它围成一体，使每一单间都自成一个独立体系，以防鸭互相走乱混杂。围栏在陆地上的高度为 60 ～ 80 cm，水上围栏的上沿高度应超过最高水位 50 cm，下沿最好深入水底，或低于水位 50 cm。

2. 圈养鸭舍

圈养鸭舍可分为育雏鸭舍、育成鸭舍和种鸭舍三种类型。

（1）育雏鸭舍

雏鸭可以采用网上饲养、地面平养和笼养等饲养方式。

①网养雏鸭舍：网养雏鸭舍可采用双列单走道鸭舍，其跨度在 8 m 左右，走道设在中间，宽 1 m 左右，走道两侧至南北墙各设架空的金属网或漏缝竹（木）条地板作为鸭床，网眼或板条缝隙的宽库在 13 mm 左右。现推广使用塑质条或增塑网做床底，可保护鸭腿趾部。鸭舍一般使用水泥地面，也可在网架下的地面上建粪便沟。雏鸭的排泄物可直接漏在沟内，然后通过机械或人工清理（过去用水冲刷清理，但产生的污水量较大）。雏鸭全程都在网上饲养，这样卫生条件好、干燥、节约垫草、保温性能好、防鼠害、通风采光条件比较理想，但投资较大。

②地面平养育雏舍：地面平养育雏舍一般采用有窗式单列带走道的鸭舍。鸭舍跨度 8 m 左右，舍内隔成若干小区；北墙边设置 1 m 宽的走道，设置运动场的鸭舍南侧墙壁开通向运动场的门；运动场和水浴池设在场外。靠走道一侧建一条排水沟，沟上盖铁丝网，网上放饮水器，雏鸭饮水时溅出的水通

过铁丝网漏到沟中，再排出舍外。走道与雏鸭区用栅栏隔开。

③笼养雏鸭舍：笼养雏鸭舍要求保温与通风良好。比较先进的笼养方式是采用层叠式或半阶梯式金属笼饲养雏鸭，也有采用竹（木）制作的简易单层或双层笼饲养鸭。笼组的布局多采用中间两排或南北各一排。饲料槽置笼外，另一侧置长流水饮水器。笼养育雏的好处与网养一样，而且比网养更能经济地利用房舍和设备，但投资大。

（2）育成鸭舍

一般育成鸭阶段已不需要供温，鸭舍的建筑要求不像雏鸭舍那样严格。现多数建成双列式单走道地面平养鸭舍，地面要有一定的坡度，在较低的一边挖一条排水沟，沟上覆盖铁丝网，网上设置饮水器。走道设在中间，走道与鸭群之间用围栏隔离开来。

（3）种鸭舍

种鸭舍同雏鸭舍一样，保温性能、通风采光要求较高，还要能人工补充光照。种鸭舍大多采用单列单走道封闭式鸭舍，舍内地面采用 2/3 水泥地面、1/3 漏缝地板。水泥地面上加铺垫草，有利于种鸭产蛋和活动；用漏缝地板（或用增塑网）离地饲养，可保持鸭舍内干燥。鸭舍在靠墙一面设置产蛋巢，高和宽各 28 cm，深 35 cm。鸭虽能在陆上交配，但容易使公鸭阴茎受伤，因此，有条件的鸭舍要设置运动场，运动场要靠近水面，便于种鸭洗澡和交配，如天然的河流或池塘，也可挖人工水池，池深 0.5 ～ 0.8 m，池宽 2 ～ 3 m，用砖或石块砌壁，水泥抹面，不能漏水。在水浴池和下水道连接处设置一个沉淀井，在排水时可将泥沙、粪便等沉淀下来，避免堵塞排水道。

（二）鸭舍的内部建设

鸭舍的内部建设直接影响鸭群的生产性能发挥、饲养管理的便利和产品质量的提高。鸭舍的内部工程主要有如下方面：

1. 鸭舍内表面

鸭舍内部墙面、走道平面、粪沟表面要力求平整，不留各种死角，以减少细菌的残留为原则。粪沟和过道地面采用厚 10 cm 混凝土垫层，水泥砂浆抹面，坚实、平坦，利于防疫；墙面批白水泥。

2. 清粪

粪便是鸭舍的主要废弃物，如果清理不及时或处理不当，会严重污染舍内环境。所以，鸭舍的粪便清理工程是保持舍内环境卫生的一个重要部分。清粪设计，应从方便、减少舍内有害气体和防疫三个角度出发。清粪方式有机械清粪和人工清粪。

3. 笼栏具

鸭场的饲养方式不同，需要的笼栏具也不同。鸭场的饲养方式主要有地面平养、网上平养和笼养。

网上平养需要网具，网具一般有竹排（竹竿）网、木制网、钢编、钢板网等。网具的配置应根据饲养的数量和饲养密度来合理安排，防止饲养密度过大。笼养需要安装笼具。笼养鸭的比例很低，育雏期间使用较多，蛋鸭笼养仍处于试验阶段。

4. 采暖

注重鸭舍的保温隔热设计，成鸭舍不需要采暖就可以维持适宜的温度，但雏鸭由于适应环境温度能力差，不采暖难以保证适宜的温度，所以，雏鸭舍和肉鸭舍需要安装采暖设备。采暖设备多种多样，有集中采暖设备像热风、水暖，也有局部采暖设备，如红外线灯、火炉、保姆伞等。设计供暖装置时应确保鸭舍各处的受热温度要均匀一致；采用水暖时，为使散热均匀，散热片应均匀分布在鸭舍侧墙和安装在鸭舍走道笼低处，每组的片数不宜过多。

5. 饮水

育雏期时使用真空式饮水器（前 2 周），育成鸭和蛋鸭使用乳头式自动饮水器。上水处需要安装过滤器，机头安装减压阀或水箱，确保水管水有一定压力。

6. 降温

设计降温系统，确保鸭舍夏季温度不能超过 30℃。开放式鸭舍，可采用喷雾降温设备；密闭式鸭舍，可采用湿帘风机负压通风降温系统。这些均是目前较成熟的蒸发降温系统。

（三）鸭场的常用设备

养鸭设备种类繁多，可根据不同饲养方式和机械化程度，选用不同的设备。

1. 保温设备

主要的保温设备有保姆伞、煤炉、烟道、热风炉和暖风机等。

2. 喂料设备

（1）人工喂料系统

雏鸭需要开食盘。开食盘一般使用浅盘，也可使用反光性好的塑料布。饲槽和料桶可以用于各阶段。

（2）自动喂料系统

自动喂料系统有螺旋式喂料系统、链环式喂料系统和轨道车喂饲机。

3. 饮水设备

（1）水槽式饮水设备

长流水式水槽供水设备简单，在国内广泛应用，但水浪费大，水质易受污染，需定期刷洗。安装时，应使整列水槽处于同一水平线，以免缺水或溢水。在平养中应用，可用支架固定，其高度高出鸭背 2 cm 左右，并设防栖钢丝。水线安置在离料线 1 m 左右或靠墙的地方，可采用浮子阀门或弹簧阀门机构来控制水槽内的水位高度。

（2）真空饮水器

真空饮水器由水罐和水盘组成，有大、中、小三种型号，适用于不同年龄段鸭使用。吊塔式饮水器可任意调节高度，并有阀门控制水盘水位和防晃装置，以防饮水溢出，适用于平养鸭。

（3）吊塔式饮水器

吊塔式饮水器靠盘内水的重量来启闭供水阀门，即当盘内无水时阀门打开，当盘内水达到一定量时阀门关闭。主要用于平养鸭舍，用调索吊在离地面一定高度（与雏鸭的背部等高）。该饮水器的特点是适应性广，不妨碍鸭群的活动。

（4）乳头式饮水器

乳头式饮水器因其出水处设有乳头状阀门杆而得名，多用于笼养。每个饮水器可供 10 ～ 20 只雏鸭或 3 ～ 5 只成鸭饮水。由于是全封闭水线供水，保证了饮水清洁，有利于防疫并可节约大量水，但要求制造工艺精度高，以防漏水。有的产品配有接水槽或接水杯。

4. 清粪设备

鸭舍内的粪便清理方法有人工清粪和机械清粪。人工清粪有推车、铁钎等。机械清粪设备有清粪机，清粪机分为刮板式清粪机和输送带式清粪机。

5. 通风设备

鸭舍的通风方式有自然通风和机械通风。

（1）自然通风

自然通风主要是利用舍内外温度差和自然风力进行舍内外空气交换，适用于开放舍和有窗舍，利用门窗开启的大小和鸭舍屋顶上的通风口进行。通风效果取决于舍内外的温差、通风口的大小和风力的大小，炎热夏季舍内外温差小、冬季鸭舍封闭严密等，都会影响通风效果。

（2）机械通风

机械通风是指利用风机进行强制的送风（正压通风）和排风（负压通风）。常用的风机是轴流式风机。风机由外壳、叶片和电动机组成，有的叶片直接安装在电动机的转轴上，有的是叶片轴与电动机轴分离，由传送带连接。

6. 照明设备

鸭舍必须安装照明系统。照明采用普通灯泡或节能灯泡。灯泡要安装灯罩以防尘和最大限度地利用灯光。应根据饲养阶段采用不同功率的灯泡：育雏舍用 40～60 w 的灯泡，育成舍用 15～25 w 的灯泡，产蛋舍用 25～45 w 的灯泡；每盏灯距为 2～3 m。笼养鸭舍每个走道上安装一列光源。平养鸭舍的光源布置要均匀。

7. 畜舍的清洗消毒设施

为做好鸭场的卫生防疫工作，鸭场必须有完善的清洁消毒设施。主要有消毒室、脚踏消毒池和车轮清洗消毒池等。

四、鸭场的环境控制

（一）废弃物处理

鸭场的废弃物，如粪便、污水、死鸭等直接影响到鸭场的卫生和疫病控制，危害鸭群安全和公共卫生安全，必须进行无害化处理。

1. 粪便处理

鸭粪是优质的有机肥，经过堆积腐熟或高温、发酵干燥处理后，体积变小、松软、无臭味，不带病原微生物，常用于果林、蔬菜、瓜类和花卉等经济作物，也可用于无土栽培和生产绿色食品。

（1）堆粪法

堆粪法是一种简单实用的处理方法，在距鸭场 100～200 m 或以外的地方设一个堆粪场，在地面挖一浅沟，深约 20 cm，宽 1.5～2.0 m，长度不限，随粪便多少确定。先将非传染性的粪便或垫草等堆至厚 25 cm，其上堆放欲消毒的粪便、垫草等，高 1.5～2.0 m，然后在粪堆外再铺上厚 10 cm 的非传染性的粪便或垫草，并覆盖厚 10 cm 的沙子或土，如此堆放 3 周至 3 个月，即可用于肥田。当粪便较稀时，应加些杂草，太干时倒入稀粪或加水，使其不稀不干，以促其迅速发酵。

（2）干燥新鲜鸭粪

鸭粪的主要成分是水，通过脱水干燥，可使其含水量达到 15% 以下。这样，一方面减少了鸭粪的体积和重量，便于包装、运输和应用；另一方面也可有效地抑制鸭粪中微生物的生长繁殖，从而减少了营养成分特别是蛋白质的损失。

常用的干燥方法有：

①高温快速干燥：采用以回转圆筒炉为代表的高温快速干燥设备，可在短时间内（10分钟左右）将含水量70%的湿鸭粪迅速干燥成含水量仅为10%～15%的鸭粪加工品。烘干温度适宜的范围在300℃～900℃。这种处理方法的优点是：不受季节、天气的限制，可连续生产，设备占地面积比较小；烘干的鸭粪营养损失量小于6%，并能达到消毒、灭菌、除臭的目的，可直接变成产品或作为生产配合饲料和复合肥的原料。但该法在整个加工过程中耗能较高，尾气和烘干后的鸡粪均存在不同程度的二次污染问题，对含水量大于75%的湿鸡粪，烘干成本较高，而且一次性投资较大。

②自然干燥法：将新鲜鸭粪收集起来，摊在水泥地面或塑料布上，在阳光下暴晒，随时翻动以使其晒干或自然风干，干燥后过筛除去杂质，装袋内或堆放于干燥处备用，做饲料时可按比例添加。该法投资小，成本低，操作方法简单，但易受天气状况影响，且不能彻底杀死病原体，从而易于导致疾病的发生和流行，只适合于无疾病发生的小型鸭场鸭粪的处理。

（3）生产动物蛋白

利用粪便生产蝇蛆、蚯蚓等优质高蛋白物质，既减少了污染，又提高了鸡粪的使用价值，但缺点是劳动力投入大，操作不便。近年来，美国科学家已成功在可溶性粪肥营养成分中培养出单细胞蛋白。家禽粪便中含有矿物质营养，啤酒糟中含有一定的碳水化合物，而部分微生物能够以这些营养物质为食。俄罗斯研究人员发现一种拟内孢霉属的细菌和一种假丝酵母菌，能吃下上述物质而产生细菌蛋白，这些蛋白可用于制造动物饲料。

（4）生产沼气

鸭粪是沼气发酵的优质原料之一，尤其是高水分的鸭粪。鸭粪和草或秸秆以2:1～3:1的比例，在碳氮比13:1～30:1，pH值为6.8～7.4的条件下，利用微生物进行厌氧发酵，产生可燃性气体。发酵后的沼渣可用于养鱼、养殖蚯蚓、栽培食用菌、生产优质的有机肥和土壤改良剂。

（5）消毒处理

畜禽粪便中含有一些病原微生物和寄生虫卵，尤其是患有传染病的畜禽，病原微生物数量更多。如果不进行消毒处理，容易造成污染和传播疾病。因此，畜禽粪便应该进行严格的消毒处理。

①焚烧法：是消灭一切病原微生物最有效的方法，故用于消毒一些危险的传染病病畜的粪便（如炭疽、马脑脊髓炎、牛瘟、禽流感等）。焚烧的方法是在地上挖一个壕，深75 cm、宽75～100 cm，在距壕底40～50 cm加一层铁梁（要较密些，否则粪便容易落下），在铁梁下面放置木材等燃料，在铁

梁上放置欲消毒的粪便，如果粪便太湿，可混合一些干草，以便迅速烧毁。此种方法会损失有用的肥料，并且需要用很多燃料，故很少应用。

②化学药物消毒法：用于消毒粪便的化学药品有含 2%～5% 的有效氯的漂白粉溶液、20% 石灰乳。此种方法既麻烦，又难以达到消毒的目的，故实践中不常用。

③掩埋法：将污染的粪便与漂白粉或新鲜的生石灰混合，然后深埋于地下，埋的深度应达 2 m 左右，此种方法简便易行，在目前很实用。但病原微生物经地下水散布以及损失肥料是其缺点。

④发酵池法：此法适用于大量饲养畜禽的农牧场，多用于稀薄粪便（如牛、猪粪）的发酵。需要在距农场 200～250 m 以外无居民、河流、水井的地方挖 2 个或 2 个以上的发酵池（池的数量和大小决定于每天运出的粪便数量）。池可筑成方形或圆形，池的边缘与池底用砖砌，然后抹上水泥，使其不透水。如果土质干枯、地下水位低，可以不必用砖和水泥。使用时先在池底倒一层干粪，然后将每天清出的粪便垫草等倒入池内，快满时在粪便面铺一层干粪或杂草，上面盖一层泥土封好。如条件许可，可用木板盖上，以利于发酵和保持卫生。粪便经上述方法处理后，经过 1～3 个月即可作为肥料使用。在此期间，每天所积的粪便可倒入另外的发酵池，如此轮换使用。

2. 尸体处理

鸭的尸体能很快分解腐败，散发恶臭，污染环境。特别是传染病病鸭的尸体，其病原微生物会污染大气、水源和土壤，造成疾病的传播与蔓延。因此，必须正确而及时地处理病死鸭。

（1）焚烧法

焚烧是一种较完善的方法，其成本高，故不常用。但对一些危害人、畜健康且极为严重的传染病病鸭的尸体，仍有必要采用此法。焚烧时，先在地上挖一个十字形沟（沟长约 2.6 m、宽 0.6 m、深 0.5 m），在沟的底部放木柴和干草用于引火，于十字沟交叉处铺上横木，其上放置鸭尸，鸭尸四周用木柴围上，然后洒上煤油焚烧，或用专门的焚烧炉焚烧。

（2）高温处理法

高温处理法是将死鸭放入特设的高温锅（150℃）内熬煮，以达到彻底消毒的目的。鸭场也可用普通大锅，经 100℃ 以上的高温熬煮处理。此法可保留一部分有价值的产品，但要注意熬煮的温度和时间，必须达到消毒的要求。

（3）土埋法

土埋法是利用土壤的自净作用使其无害化。此法虽简单但不理想，因其无害化过程缓慢，某些病原微生物能长期生存，从而污染土壤和地下水，并会造成二次污染。采用土埋法必须遵守卫生要求，即埋尸坑应远离鸭舍、放牧地、居民点和水源，地势高燥，死鸭掩埋深度不小于 2 m，死鸭四周应洒上消毒药剂，埋尸坑四周最好设栅栏并做标记。

在处理鸭尸时，不论采用哪种方法，都必须将病鸭的排泄物、各种废弃物等一并进行处理，以免造成环境污染。

3. 垫料处理

有的鸭场采用地面平养（特别是育雏育成期）多使用垫料，使用垫料对改善环境条件具有重要的意义。垫料具有保暖、吸潮和吸收有害气体等作用，可以降低舍内湿度和有害气体浓度，有利于保持舒适、温暖的小气候环境。选择的垫料应具有导热性低、吸水性强、柔软、无毒、对皮肤无刺激性等特性，并要求来源广、成本低、适于作为肥料和便于无害化处理。常用的垫料有稻草、麦秸、稻壳、树叶、野干草、植物藤蔓、刨花、锯末、泥炭和干土等。近年来，还有采用橡胶、塑料等制成的厩垫以取代天然垫料。

（二）鸭舍的环境管理

1. 温度的控制

温度的高低会影响雏鸭的成活率、生长发育和成年鸭的生产性能。

（1）适宜的温度

适宜温度是 5℃～27℃，最适宜温度是 13℃～20℃。

（2）控制措施

保持育雏舍的保温隔热，选择可靠的供温设施，搞好季节管理，以保证适宜的温度。

2. 湿度的控制

湿度是指空气的潮湿程度，养鸭生产中常用相对湿度表示。高温高湿影响鸭的热调节，降低鸭的抵抗力，容易发生球虫病和传染病；低温高湿加剧鸭的冷应激。鸭易患感冒性疾病，如风湿病、关节炎、肌肉炎及消化道疾病等。

（1）适宜的湿度

育雏第一周，舍内相对湿度应保持在 65% 左右，第二周为 60%、第三周为 55%；其他鸭舍保持在 60%～65%。

（2）湿度调节措施

①湿度低：舍内相对湿度低时，可在舍内地面洒水或用喷雾器在地面和墙壁上喷水，水的蒸发可以提高舍内湿度。雏鸭舍或舍内温度过低时可以喷洒热水，供暖炉上放置水壶。育雏期间要提高舍内湿度，可以在加温的火炉上放置水壶或水锅，使水蒸发提高舍内湿度，可以避免因喷洒凉水引起的舍

内温度降低或雏鸭受凉感冒。

②湿度高：当舍内相对湿度过高时，可以采取如下措施：一是加大换气量。通过通风换气，驱除舍内多余的水汽，换进较为干燥的新鲜空气。舍内温度低时，要适当提高舍内温度，避免通风换气引起舍内温度下降。二是提高舍内温度。舍内空气水汽含量不变，提高舍内温度可以增大饱和蒸汽压，降低舍内相对湿度。特别是冬季或雏鸭舍，加大通风换气量，对舍内温度影响大，可适当提高舍内温度。

③防潮措施：鸭较喜欢干燥环境，潮湿的空气环境与高温度协同作用，容易对鸭产生不良影响。保证鸭舍干燥需要做好鸭舍防潮，除了选择地势高燥、排水好的场地外，还可采取如下措施：一是鸭舍墙基设置防潮层，新建鸭舍待干燥后使用，特别是育雏舍。有的刚建好育雏舍就立即使用，由于育雏舍密封严，舍内温度高，没有干燥的护围蒸发出大量水汽，使舍内相对湿度一直处于较高的水平。晚上温度低的情况下，大量的水汽变成水滴在天棚和墙壁上附着，舍内的热量容易散失。二是舍内排水系统畅通，粪便、污水应及时清理。三是保持舍内较高的温度，使舍内温度经常处于露点以上。四是使用垫草，及时更换污浊潮湿的垫草。

3. 光照的控制

光照不仅影响鸭的生长发育，而且影响仔鸭培育期的性成熟时间和以后的产蛋。培育期光照时间过长，鸭性成熟时间早，种鸭开产早，产蛋小；产蛋期光照时间不足，也会使鸭产蛋减少。光照控制是要保证鸭舍内的光照强度和光照时间符合要求，并且光线均匀。鸭舍一般采用自然光照与人工补光相结合。

在育雏期，光照强度可以大一些，光照时间可以长一些。第一周光照时间 20～23 小时，第二周 18 小时，从第三周起根据不同情况进行控制。若夏季育雏，白天利用自然光照，夜间用较暗的光线通宵照明，只在喂料时用较亮的光照 0.5 小时；如晚秋育雏，由于日照时间较短，可以在傍晚适当增加光照 1～2 小时，其余时间仍用较暗的灯光通宵照明，光线不能过强。

进入产蛋期，逐渐增加光照时间和光照强度，每周增加光照时间 0.5～1.0 小时，直至达到每昼夜 16～17 小时。光照强度由弱渐强，达到 8 lx。达到要求后，光照时间和光照强度要稳定，不能忽照忽停、忽明忽暗，即保持光照系统正常使用。

4. 舍内有害气体控制

鸭舍内鸭群密集，呼吸、排泄物和生产过程的有机物分解，有害气体成分要比舍外空气成分复杂和含量高。鸭舍中的有害气体主要有氨气、硫化氢、二氧化碳、一氧化碳和甲烷。在规模养鸭生产中，这些气体污染鸭舍环境，引起鸭群发病或生产性能下降，降低养鸭生产效益。

5. 微粒的控制

微粒是以固体或液体微小颗粒的形式存在于空气中的分散胶体。鸭舍中的微粒来源于鸭的活动、咳嗽、鸣叫及饲养管理过程中，如清扫地面、分发饲料、饲喂及通风除臭等机械设备运行过程。鸭舍内有机微粒较多。

（1）微粒对鸭体健康的影响

一是影响散热和引起炎症。微粒落在皮肤上，可与皮脂腺、皮屑、微生物混合在一起，引起皮肤发痒、发炎，堵塞皮脂腺和汗腺，皮脂分泌受阻。皮肤干，易干裂感染，影响蒸发散热。落在眼结膜上引起尘埃性结膜炎。

二是损坏黏膜和感染疾病。微粒可以吸附空气中的水汽、氨、硫化氢、细菌和病毒等有毒有害物质造成黏膜损伤，引起血液中毒及各种疾病的发生。

（2）消除措施

要求鸭舍内，总悬浮物应 $\leq 8 \ mg/m^3$，可吸入颗粒应 $\leq 4 \ mg/m^3$。具体消除措施有以下几种：一是改善鸭舍和周围地面状况，全面进行绿化、种树、种草和种植农作物等。植物表面粗糙不平，多绒毛，有些植物还能分泌油脂或黏液，能阻留和吸附空气中的大量微粒。气流通过林带，风速降低、大直径微粒下沉，小直径微粒被吸附。夏季可吸附 $35.2\% \sim 66.5\%$ 的微粒。二是鸭舍远离饲料加工场，分发饲料和饲喂动作要轻。三是保持鸭舍地面干净，禁止干扫，更换和翻动垫草动作也要轻。四是保持适宜的湿度。适宜的湿度有利于尘埃沉降。五是保持通风换气。

第二节　生态养鸭的饲养管理

鸭的生长阶段不同，对饲料、环境等条件要求不同，饲养管理方法也有较大差异。只有根据鸭的不同生长阶段的要求，进行科学的饲养管理，提供适宜的环境条件，才能保证鸭群生产性能的充分发挥，从而获得较好的经营效果。

一、雏鸭的饲养管理

雏鸭是指 0～4 周龄的小鸭。雏鸭培育是鸭养殖过程中一项艰巨而细致的工作，不但关系到雏鸭的成活率和生长速度，而且直接影响到以后的生产性能和养殖效益。因此，必须细心饲养，科学管理。

（一）雏鸭的特点

1. 体温调节功能弱

雏鸭体温低，绒毛属于针形胎毛、不保温，神经和体液系统功能发育尚不健全，调节体温能力弱。因此，难以适应外界环境温度的急剧变化（变温状态）。当外界温度低于25℃时，会冻得发抖，堆叠成堆，互靠体温取暖，俗称"烧堆"，易引起感冒或低层雏鸭窒息死亡。15～20日龄后，雏鸭体内温度调节功能日趋完善（恒温状态）。所以，需要人为提供适宜的环境温度。

2. 消化功能差

刚出壳的雏鸭，其消化器官尚未经过饲料的刺激和锻炼，消化道容积很小，食道的膨大部很不明显，储存食物的能力有限，消化功能尚未发育完全，消化能力弱。因此，要求饲料营养浓度高、营养全面且易于消化吸收。另外，雏鸭对饥渴比较敏感、贪食、调节采食能力差，出壳头几天喂得过饱易发生涨嗉、消化不良、便秘或拉稀等消化系统疾病。要勤喂料和喂水，任何时候都不可少水，夏天更应注意。

3. 生长发育快

雏鸭4周龄时体重为出生时24倍，7周龄时体重为出生时的60倍。所以，必须供给营养全面，充足的日粮，满足其生长发育的需要。刚出壳的雏鸭，在其肠道中段外侧有一个5～7 g的卵黄囊。出壳后的雏鸭如果腹部温度适宜，入舍后及早饮水和开食，可极大增强雏鸭的体质和抗病力，有利于促进雏鸭的生长。

4. 敏感性强，抵抗力弱

饲料中各种营养成分缺乏或有毒药物过量，都会出现病理症状，注意预防药物中毒。雏鸭娇嫩，对外界环境的抵抗力差，加上免疫器官发育尚不完善，易受到病原菌侵袭，因此，育雏时要特别重视防疫卫生工作。

（二）育雏条件

1. 温度

温度是培育鸭的首要条件。温度不仅影响雏鸭的体温调节、运动、采食、饮水及饲料营养消化吸收和休息等生理环节，还影响机体的代谢功能、抗体产生和体质状况等。只有适宜的温度才有利于雏鸭的生长发育和成活率的提高。育雏温度分为高温、低温和适温。

高温育雏，雏鸭生长迅速，饲料报酬高，但体质较弱，而且房舍保温条件高，成本较大；低温育雏，雏鸭生长较慢，饲料报酬低，但体质强壮，对饲养管理条件要求不高，相对成本较少；适温育雏介于高温和低温之间。从目前饲养效果看，以适温育雏最好。由于温度适宜，雏鸭感到舒服，发育良好且均匀，生长速度也较快，体质健壮。育雏温度是否适宜，应以雏鸭的表现为标准：如果表现为三五成群静卧无声，有规律地吃食、饮水、排便、休息，说明温度正常；如表现为缩颈耸翅，互相堆挤，或步态不稳并发出吱吱的尖叫声，说明温度过低，需及时调温；若雏鸭张口喘气，散离热源，烦躁不安，张开翅膀，饮水量增加，说明温度过高。

笼养育雏时，一定要注意上、下层之间的温差。采用加温育雏取暖时，除了在笼层中间观察温度外，还要注意各层间的雏鸭动态，及时调整育雏温度和密度。育雏期间温度要稳定，切忌忽高忽低。

保温时间的长短要根据品种、季节和雏鸭的强弱等灵活掌握。夏季育雏时，雏鸭一般在育雏室保温 2～3 天后，开始降温，1 周后就可以完全脱温。此时也要注意防暑。若室温超过 35℃或 1 周龄以上的雏鸭室温超过 30℃时，要注意做好通风和喷水降温等防暑工作。冬季育雏时，要延长保温时间，雏鸭应在保温室育雏保温 14 天左右。

2. 湿度

育雏前期，室内温度较高，水分蒸发快，此时相对湿度要高一些。如空气中湿度过低，雏鸭易出现脚趾干瘪、精神不振等轻度脱水症状，影响健康和生长。此时，可以向育雏室喷些水雾，或是在火炉上烧些开水，增加空气湿度。但垫料仍然要保持干燥，千万不能将水洒在垫草上。湿度也不能过高，高温、高湿易诱发多种疾病。所以，育雏室内开始 1 周的相对湿度应为 70%，其后降低为 60%，3 周龄后保持 55% 为宜。

3. 通风

新鲜的空气有利于雏鸭的生长发育和健康。鸭的体温高，呼吸快，代谢旺盛，呼出二氧化碳多。雏鸭日粮营养含量丰富，消化吸收率低，粪便中含有大量的有机物，有机物发酵分解产生的氨气和硫化氢多。加之人工供温燃料不完全燃烧产生的一氧化碳，都会使舍内空气污浊，有害气体含量超标，危害鸭体健康，影响生长发育。加强通风换气可以驱除舍内污浊气体，换进新鲜空气。同时，通风换气还可以减少舍内的水汽、尘埃和微生物，调节舍内温度。

4. 光照

雏鸭特别需要日光照射。太阳光能提高雏鸭的体表温度，促进血液循环；经紫外线照射能将存在鸭体皮肤、羽毛和血液中的脱氢胆固醇转变为维生素 D，促进骨骼的生长，增加食欲，刺激消化系统，促进雏鸭的采食和运动，提高新陈代谢，增强鸭体健康。在不能利用自然光照或自然光照时数不足时，可用人工光照补充。育雏期内，1周龄每昼夜光照可达20～23小时。2周龄可缩短至18小时。3周龄起，要区别不同情况：若夏季育雏，白天利用自然光照，夜间用较暗的灯光通宵照明，只在喂料时用较亮的灯光照明0.5小时；如晚秋季节育雏、由于日照时间较短，可在傍晚适当增加光照1～2小时，其余时间仍用较暗的灯光通宵照明。在人工照明时，注意光照不要太强。

5. 饲养密度

饲养密度因品种、日龄、饲养方式和环境而不同。密度过大，会造成雏鸭活动不开，采食、饮水困难，空气污浊，不利于雏鸭的生长；密度过低，房舍利用率低，能源消耗多，不经济。

（三）育雏方式和供温方式

1. 育雏方式

（1）平面饲养

平面饲养包括地面平养育雏、网上育雏和地面—网上混合育雏。

①地面平养育雏：在育雏前，在雏鸭舍地面上铺上清洁干净的垫料，接雏后将雏鸭直接放在育雏舍的垫料上。雏龄越小垫草越厚（初生雏第一次垫料厚6～8 cm），使雏鸭熟睡时不受凉，但在饮水和采食区不垫料。鸭舍最好是水泥地面，如为土地地面，地势应当高，否则，地下水位高，又无隔湿措施，则垫草易受潮腐烂，会造成不良后果。采用土地面饲养时，一般应先在地面铺上一层生石灰，然后再在地面上铺上一层5～10 cm厚的垫料。垫料可重复利用。对垫料的要求是：重量轻、吸湿性好、易干燥、柔软有弹性、廉价、适于作肥料。常用的垫料有稻壳、花生壳、松木刨花、锯屑、玉米芯、秸秆等。当垫料即将潮湿时，在上面继续局部或全部增加垫料，直至垫料厚度达到20 cm左右；也可局部或全部更换垫料。冬季养鸭更换垫料时，要防止雏鸭感冒。为了防止雏鸭进入水槽，弄湿羽毛，造成鸭体受凉及引起育雏舍地面潮湿，可以采用乳头式饮水器。这种方式的优点是劳动强度小，简单易行，使雏鸭舒适（由于原料本身能发热，雏鸭腹部受热良好），并能为雏鸭提供某些维生素（厚垫料中微生物的活动可以产生维生素 B_{12}，有利于促进雏鸭的食欲和新陈代谢，提高蛋白质利用率）。缺点是雏鸭经常与粪便接触，容易感染疾病。

②网上育雏：网上育雏即利用网面代替地面。网的材料可以是铁丝网或是塑料网，还可用木条、竹条制作。一般网面距地面为60～70 cm。木条地面用的板条宽1.2～2.0 cm，空隙宽1.5～2.0 cm，板条走向要与鸭舍的长

轴平行。竹子产区也有竹竿或竹片做竹条地面，竹材的直径与空隙一般均为1.5～2.5 cm。网上育雏的饲养密度可稍高于地面散养，通常1～2周龄内，每平方米可达20～25只，2～3周龄时为10～15只。网上育雏的优点是粪便直接落到网下，雏鸭不与粪便接触，减少了病原感染的机会，尤其是大大减少了球虫病暴发的危险；同时，养在网上这一方式，提高了饲养密度，减少了鸭舍建筑面积，可减少投资，提高经济效益。

③地面—网上混合育雏：将地面育雏与网上育雏结合起来，称为混合育雏。其做法是将育雏舍地面分为两部分：一部分是高出地面的高床，另一部分是铺垫料的地面。这两部分之间有水泥坡地面连接。饮水器放在网上，可使舍内垫草保持干燥。

（2）立体育雏

立体饲养是指笼养，就是把雏鸭养在多层笼内，这样可以增加饲养密度，减少建筑面积和土地占用面积，提高管理定额，便于机械化操作，适合规模化饲养。育雏笼由笼架、笼体、料槽、水槽和托粪盘构成。笼的规模不等，一般笼架长100 cm、宽60～80 cm、高150 cm。从离地30 cm起，每40 cm为一层，可设三层，笼底与托粪盘相距10 cm。笼育可充分利用鸭舍空间，增加饲养数量；同时，笼养可减少鸭的运动，有利于肉鸭的快速生长。

2. 供温方式

（1）电热供温

电热供温在电源充足、供电稳定、价格便宜的地区可采用。常用的加热设备有电热育雏笼、电热育雏伞和红外线灯等。

（2）煤炭供温

煤炭来源丰富的地区，可以采用锅炉暖气、热风炉、煤炉和地炕供温等。此法加温效果比电热加温要好，育雏环境较干燥，育雏效果好，费用低，但温度的掌握和管理较麻烦。

（3）热水热气供温

大型鸭场育雏数量较多，可在育雏舍内安装散热片和管道，利用锅炉产生的热气或热水使育雏舍内温度升高。此法可保证育雏舍清洁卫生，育雏温度稳定，但投入较大。

（4）热风炉供温

将热风炉产生的热风引入育雏舍内，使舍内温度升高。

（四）育雏前的准备和试温

1. 育雏前的准备

（1）育雏舍的准备和清洁消毒

雏鸭饲养量的多少，要根据鸭舍的面积和饲养方式来定。一般地面平养时按每平方米饲养 20 ～ 25 只来准备育雏室。每间鸭舍的进口处，要有一间更衣室，以备所有工作人员使用，并备有浴室和成套的衣服鞋帽；育雏舍门口应有消毒池，内放消毒药水。即使条件不许可的鸭场或养鸭户，也应有备用的衣、鞋更换。育雏室在使用前应做彻底清扫消毒。

（2）育雏用具等设备的准备

①设备准备：准备好保温设备、通风换气设备、光照设备。

②饲喂饮水用具准备：育雏期的饲喂用具有开食盘（或竹席、草席、塑料薄膜，每 100 只鸭占用面积 0.3 m^2 左右）、无毒塑料盆（每 15 只鸭用 1 个）。饮水用具有壶式饮水器（育雏期每 50 只鸭用 1 个小号或中号饮水器）、乳头饮水器或勺式饮水器。浅水盆（每群鸭 1 个）。

③防疫消毒用具：防疫用具有滴管、连续注射器、气雾机等；消毒用具有喷雾器。

（3）药品准备

准备的药品包括：疫苗等生物制品；防治白痢、球虫的药物，如球痢灵、杜球、三字球虫粉等；抗应激剂，如维生素 C、速溶多维；营养剂，如糖、奶粉、多维电解质等；消毒药，如酸类、醛类、氯制剂等，准备 3 ～ 5 种消毒药交替使用。

2. 温度调试

安装好供温设备后要调试，观察温度能否上升到要求的温度，需要多长时间达到。如果达不到要求，要采取措施尽早解决。为了更好地进行温控，育雏室必须配备温度计，悬挂位置适宜。测定室内温度，温度计挂在远离热源的地方，距离地面 1.5 m 左右；测定育雏温度，温度计应离地面或网面 5 ～ 6 cm，即温度计的感应部分应该与鸭背相平。另外，为了减少加热空间，可以把育雏舍的一头用塑料布或其他材料暂时隔离开来，作为育雏区，待雏鸭长大后再疏散扩大。育雏舍的温度要求因加温设备的不同而有差异。如采用保姆伞加温，1 日龄伞下的温度控制在 34℃～ 36℃，伞边缘区域温度控制在 30℃～ 32℃，育雏舍的温度在 20℃～ 24℃即可。

育雏前 2 天，要使温度上升到育雏温度且保持稳定。根据供温设备情况提前升温，尤其是寒冷季节，温度升高比较慢，如果不及早升温，可能出现雏鸭入舍时温度达不到要求而影响育雏效果。

（五）雏鸭的饲养管理

1.优质雏鸭的选择

雏鸭品质好坏和运输情况直接影响育雏率和生长速度，也影响生长成熟后的生产性能，所以必须严格选择和精心运输。

选择优质雏鸭，必须考虑种鸭的品种、种蛋的孵化条件、雏鸭本身的质量等因素。

①根据种鸭的质量选择：选择苗鸭前，最好实地了解种鸭场的饲养情况。一是要有种蛋种禽经营许可证，饲养的是优质品种；二是饲养条件良好，如采用水陆结合饲养方式饲养的种鸭场，陆上运动场清洁、干净，水地运动场水质清洁；三是饲养管理良好，如饲料配制科学、日常管理严格等。

②根据孵化条件选择：优质的种蛋，必须在条件良好的孵化厂才有可能孵化出优质的雏鸭。应到规划布局合理、配套设施齐备、孵化操作规范的孵化厂选购鸭苗。如果孵化厂建筑及孵化器具十分简陋，甚至连基本的消毒设施都没有，这样的孵化厂不可能孵化出优质的雏鸭。

③根据鸭苗的质量选择：选购鸭苗，一定要挑选健壮的优质雏鸭。优质雏鸭有以下标准。

A.适时出壳，出壳整齐。先进的孵化设施，只有在科学的孵化操作技术下，才能孵出优质的鸭苗。优质鸭苗的基本条件之一，必须是适时出壳，出壳整齐。过早或推迟出壳，出壳持续时间很长，都会影响雏鸭的质量。一般来说，种鸭蛋的孵化时间应为 28 天，即当天下午入孵的种蛋，应在第 28 天的上午拿到。如果到时拿不到雏鸭，说明种蛋的孵化时间推迟，胚胎的生长发育在某一时间受到影响，因而雏鸭的质量就有可能受影响。如种蛋保存时间过长、孵化设施达不到要求、种蛋在孵化期间的受热不均（导致不同部位的种蛋胚胎发育不一致，其特征是整个孵化机内的雏鸭从开始至出雏结束的时间延长）或孵化温度不适宜等，都可能影响出雏时间。凡推迟出雏的雏鸭一般脐部血管收缩不良，容易在出雏时受到有害细菌的影响。因而选择雏鸭时，出雏过迟的鸭苗不能选购。

B.外形健康活泼。眼睛灵活而有神；全身绒毛整洁光亮，个体大、重，体躯长而阔，臀部柔软；脚高、粗壮，站立行走姿势正直有力；肛门周围没有粪便沾污。

C.卵黄吸收良好，腹部柔软，大小适中。脐部愈合良好，无出血或干硬突出痕迹。

D.趾爪无弯曲损伤，无畸形。

2. 雏鸭的运输

雏鸭出雏后 24 小时之内应运到目的地，如果时间过长，因雏鸭开饮、开食过迟会影响正常的生长发育，特别是对卵黄吸收不利。运输时最好选用特制的纸箱装运，如用竹筐、塑料箱装运时，底部须垫好柔软的垫料，如干禾草、布或纸等，天气冷时还要用厚布或毯子等盖好顶部和周围，但要注意适当通风换气，以防雏鸭呼吸困难，甚至闷死。装运时要注意密度，密度太大时雏鸭互相挤压，应激多，死伤多；密度太小时箱内温度低，运输车摇晃时雏鸭到处跌撞滚动，应激大，受伤多。天热时密度可小些，天冷时密度可大些。运输途中要注意防寒、防晒、防热、防淋、防颠簸摇摆，以及保持适当的通风换气等。雏鸭运到后，应立即搬进育雏舍，减少外界环境的影响。

3. 雏鸭的饲养管理

雏鸭阶段是鸭一生中相对生长最快的阶段，是整个生长期中的重要阶段。但由于雏鸭具有补偿生长功能，雏鸭时期稍有生长不足，只要没有严重影响发育，以后可慢慢追补回来，并达到标准体重。所以，雏鸭的饲料营养水平可以低一些。

（1）雏鸭的入舍

运回来的雏鸭应立即搬入育雏舍内，让其安静休息片刻后进行分群。一般应根据出壳时间的早迟、体质的强弱和体重的大小，把强雏和弱雏分别挑出，组成小群饲养，每群雏鸭以 400 ～ 500 只为宜，然后放入保温区内。对于那些弱雏，要把它们放在靠近热源（即室温较高）的区域饲养。另外，最好采用厚垫料饲养，这样可使脐部闭合不良的弱雏，在垫料作用下使脐部尽早愈合，有利于提高成活率。笼养时，将弱雏放在笼的上层温度较高的地方。

（2）雏鸭的饮水饲喂

饮水饲喂育雏时，应注意"早开饮、早开食，先饮水、后开食"。

二、圈养鸭的饲养管理

（一）育成鸭的饲养管理

育成鸭一般是指 5 ～ 16 周龄或 18 周龄开产前的青年鸭。育成鸭饲养管理的好坏，直接影响到育成新母鸭的质量，直接影响到以后生产性能的发挥。所以，必须加强饲养管理，培育优质的育成新母鸭。

1. 育成鸭的特点

根据青年鸭生理特点采取饲养管理措施，使其发育整齐，为以后稳产、高产奠定基础。

（1）体重增长快

育成阶段是鸭体重增长较快的一个时期。以绍兴麻鸭为例，28 日龄以后体重的绝对增长加快，42 ～ 44 日龄达到高峰，56 日龄起逐渐降低，然后趋于平稳增长，至 16 周龄的体重已接近成年体重。

（2）羽毛生长迅速

育成阶段也是鸭羽毛生长迅速的一个时期。以绍兴麻鸭为例，育雏期结束时，雏鸭身上还掩盖着绒毛，棕红色麻雀羽毛才将要长出；而到 42 ～ 44 日龄时胸腹部羽毛已长齐，平整光滑，达到"滑底"；48 ～ 52 日龄青年鸭已达"三面光"；52 ～ 56 日龄已长出主翼羽；81 ～ 91 日龄蛋鸭腹部已换好第二次新羽毛；102 日龄蛋鸭全身羽毛已长齐，两翅主翼羽已"交翅"。

（3）性器官发育快

育成 10 周龄后，在第二次换羽期间，卵巢上的卵泡也在快速长大。12 周龄后，性器官的发育尤其迅速。为了保证青年鸭的骨骼和肌肉的充分生长，避免鸭的性器官发育过快，体发育与性发育一致，必须严格控制青年鸭的饲料和光照，防止过早性成熟，影响产蛋性能的充分发挥。

（4）适应能力强

随着日龄的增长，青年鸭羽毛逐渐丰满（御寒能力也逐步加强），体温调节功能健全，对外界气温变化的适应能力也随之加强，可以在常温下甚至可以在露天饲养。随着青年鸭体重的增长，消化器官也随之增大，储存饲料的容积增大，消化能力增强。此期的青年鸭杂食性强，可以充分利用天然动植物性饲料。

2. 育成鸭的指标要求

育成鸭在 16 ～ 18 周龄时，健康无病，整个鸭群的体重要求较为一致，要求每只鸭体重在平均体重的 10% 上下范围以内，并且肥瘦情况、骨骼大小、肌肉发达程度都要求整齐。体重一致的鸭群，一般性成熟期也一致，达 50% 产蛋率后即迅速进入产蛋高峰，且持续时间长；反之，体重不整齐的鸭群，容易出现体形大的越来越大，体形小的则发育越趋迟滞，其结果是开产后产蛋率上升很慢，常常不能达到应有的产蛋高峰，即使达到，时间也很短，并急速下降。

3. 育成鸭的饲养方式

（1）放牧饲养

育成鸭的放牧饲养是我国传统的饲养方式。由于鸭的合群性好，觅食能力强，能在陆上平地、山地和水中的浅水、深水中潜游觅食各种天然的动植物性饲料。因此，可利用农田、湖泽、河塘、沟渠放牧和海滩放牧饲养，以节约大量的饲料，降低成本，同时使鸭群得到很好的锻炼，增强鸭的体质。大规模生产时，采用放牧饲养的方式已越来越少。

（2）全舍饲饲养

育成鸭的整个饲养过程始终在鸭舍内进行的方式称为全舍饲圈养或关养。鸭舍内采用厚垫草（料）饲养，或是网状地面饲养，或是栅条地面饲养。由于吃料、饮水、运动和休息全在鸭舍内进行，因此饲养管理较放牧饲养严格。例如舍内必须设置饮水和排水系统；采用垫料饲养的，垫料要厚，要经常疏松，必要时要翻晒，以保持垫料干燥；若采用网状地面或栅状地面饲养，其地面要比鸭舍地面高 60 cm 以上，鸭舍地面用水泥铺成，并有一定的坡度（每米落差 6 ～ 10 cm），以便于清除鸭粪。网状地面饲养最好用涂塑铁丝网，网眼为 24 mm×12 mm，栅状地面可用宽 20 ～ 25 mm、厚 5 ～ 8 mm 的木板条或 25 mm 宽的竹片，或者是用竹子制成相距 15 mm 空隙的栅状地面。这些结构都要制成组装式，以便冲洗和消毒。

全舍饲饲养方式可以人为地控制饲养环境，有利于科学养鸭，达到稳产、高产的目的；集中饲养便于向集约化生产过渡，同时可以增加饲养量，提高劳动效率，但此法饲养成本较高。

随着养鸭业的规模化、集约化，全舍饲饲养成为必然的发展趋势，特别是缺乏水源的北方地区。

（3）半舍饲饲养

鸭群饲养在鸭舍、陆上运动场和水上运动场，不外出放牧，称为半舍饲饲养。半舍饲饲养时吃食、饮水可在舍内，也可在舍外，一般不设饮水系统，饲养管理不如全舍饲那样严格。其优点与全舍饲一样，便于科学养鸭。这种方式一般是与鱼塘结合在一起，形成一个良性循环。它是目前我国养鸭生产中采用的主要方式之一。

4.育成鸭的饲养

（1）营养需要

根据育成鸭的饲育特点，其营养要求相应低些，目的是使成鸭得到充分锻炼，使蛋鸭长好骨架，而不求长得肥胖。育成鸭的能量和蛋白质水平宜低不宜高，饲料中蛋白质为 15% ～ 18%，钙为 0.8% ～ 1%，磷为 0.45% ～ 0.50%。日粮以糠麸为主，动物性饲料不宜过多。舍饲的鸭群在日粮中添加 5% 的沙砾，以增强肠胃功能，提高消化能力。有条件的养殖场，可用青绿饲料代替精料和维生素添加剂，青绿饲料占整个饲料的 30% ～ 50%。青绿饲料可以大量利用天然饲草，蛋白质饲料占 10% ～ 15%。若采用全舍饲或半舍饲，运动量不如放牧饲养，为了抑制育成鸭性腺过早成熟，防止沉积过多的脂肪，影响产蛋性能和种用性能，在育成期饲养过程中应采用限制饲喂。限制饲喂一般从8周龄开始，到16～18周龄结束。

（2）饲养

①饲料更换：育雏结束，鸭的体重达标，可以更换育成鸭料，但更换必须有一个过渡期，使鸭逐渐适应新的饲料。更换的方法为：第1天用4/5的雏鸭料、1/5的育成鸭料，第2天用3/5的雏鸭料、2/5的育成鸭料，第3天用2/5的雏鸭料、3/5的育成鸭料，第4天用1/5的雏鸭料、4/5的育成鸭料，第5天仅喂1/5的育成鸭料。

②饲喂：根据育成鸭的消化情况，一昼夜饲喂4次，定时定量。若投喂全价配合饲料，可做成直径4～6 mm、长8～10 mm的颗粒状，或者将混合均匀的粉料用水拌湿，然后将饲料分在料盆内或塑料布上，分批将鸭赶入进食。鸭在吃食时有饮水洗喙的习惯，鸭舍中可设长形的水槽或在适当位置放几只水盆，并及时添换清洁饮水。

③限制饲养：后备鸭限制饲养的目的在于控制鸭的发育，不使其太肥，在适当的周龄达到性成熟，集中开产（开产体重控制在该品种标准体重的中上为好）。这样，既可以降低成本，又可以使其食量增大、耐粗饲而不影响产蛋性能。全舍饲和半舍饲鸭则要重视限制饲喂，否则会造成不良后果（如果放牧，放牧鸭群由于运动量大，能量消耗也较大，且每天都要不停地找食吃，整个过程就是很好地限饲过程）。限制饲养方法是用低能量日粮饲喂后备鸭，一般从8周龄开始到16～18周龄止。当鸭的体重符合本品种的各阶段体重时，可不需要限饲；如发现鸭过于肥大，则可以进行限制饲养。可降低饲料中的营养水平，适当多喂些青饲料和粗饲料，或按培育后备鸭的正常日粮（代谢能11.0～11.5 J/kg，蛋白质为15%～18%）的70%供给。

④饲喂沙砾：为满足育成鸭生理功能的需要，应在育成鸭的运动场上，专门放几个沙砾小盘，或在精料中加入一定比例的沙砾，如此不仅能提高饲料转化率，节约饲料，而且能增强其消化功能，有助于提高鸭的体质和抗逆能力。

5. 育成鸭的日常管理

（1）脱温

育雏结束，要根据外界温度情况逐渐地脱温。如冬季和早春育雏时，由于外界温度低（需要采用升温育雏饲养），待育雏结束时，外界温度与室温相差往往较大（一般超过5℃～8℃），盲目地去掉热源，舍内温度会骤然下降，导致雏鸭遭受冷应激，轻者引发疾病，重者甚至引起死亡。所以，脱温要逐渐进行，让鸭有适应环境温度的过程。

（2）转群移舍

育雏结束后要扩大育雏区的饲养面积，即转群；育雏结束后要将鸭移入育成舍或部分移入育成舍，即移舍。转群移舍对鸭有较大的应激作用，操作不良会影响鸭的生长发育和健康。转群移舍必须注意：一是要准备好育成舍，转群前对育成舍进行彻底的清洁和消毒，安装好各种设备和用具；二是要空腹转舍，转群前必须空腹方可运出；三是逐步扩大饲养面积，若采用网上育雏，则雏鸭刚下地时，地上面积应适当圈小些，待鸭经过 2 ～ 3 天的锻炼，腿部肌肉逐步增强后，再逐渐增大活动面积。因为育成舍的地上面积比网上大，雏鸭一下地，活动量突然增大，一时不适应，容易导致鸭子气喘、拐腿，重者甚至引起瘫痪。

（3）保持适宜的环境

育成鸭容易管理，虽然要求圈舍条件比较简易，但要尽量维持适宜的环境。一要做好防风、防雨工作。二要保持圈舍清洁干燥。三要保持适宜的温度。冬天要注意保温，夏天要注意防暑降温，运动场要搭凉棚遮阳。四要保持适宜密度。随鸭龄增大，不断调整密度，以满足鸭不断生长的需要，不至于过于拥挤而影响其摄食生长，同时也要充分利用空间。其饲养密度因品种、周龄而异，5 ～ 8 周龄每平方米 15 只左右，9 ～ 12 周龄每平方米 12 只左右，13 周龄起每平方米 10 只左右。

（4）分群饲养

分群可以使鸭群生长发育一致，便于管理。在育成期分群的另一个原因是，育成鸭对外界环境十分敏感，尤其是在长血管时期。当群体过大或饲养密度较高时，互相挤动会引起鸭群骚动，使刚生长出的羽毛轴受伤出血，甚至互相踩踏，导致生长发育停滞，影响今后的产蛋。因而，育成鸭要按体重大小、强弱和公母分群饲养。对体重较小、生长缓慢的弱鸭应强化培育，集中喂养，加强管理，使其生长发育能迅速赶上同龄强鸭，使鸭群均匀整齐。一般放牧时，每群为 500 ～ 1 000 只，而舍饲鸭每栏 200 ～ 300 只。

（5）控制光照

光照是控制性成熟的方法之一。育成鸭的光照时间宜短不宜长。有条件的鸭场，育成鸭从 8 周龄起，每天光照 8 ～ 10 小时，光照强度 5lx。如利用自然光照，以下半年培育的秋鸭最为合适。但是，为了便于鸭子夜间饮水，防止老鼠或鸟兽走动时惊群，鸭舍内应通宵弱光照明。30 m² 的鸭舍，可以亮一盏 15 w 的灯泡。遇到停电时，应立即用其他照明用具代替，绝不可延误，否则会造成很大伤亡。

（6）建立稳定的工作程序

圈养鸭的生活环境比放牧鸭稳定，要根据鸭子的生活习性，定时作息，制定操作规程。形成作息制度后，尽量保持稳定，不要经常变更，减少鸭群应激。

另外，注意观察育成鸭的行为表现、精神状态、采食、饮水及粪便情况，及时发现问题；注意鸭舍和环境的卫生、消毒及鸭群的防疫，避免疾病的发生；搞好记录工作，填写各种记录表格，加强育成成本的核算。

（二）产蛋鸭的饲养管理

母鸭从开始产蛋直到淘汰的时期，均称产蛋期。一般蛋用型母鸭从150天至500天，为第一个产蛋年，经过换羽后可以再利用第二年、第三年，但生产性能逐年下降，所以生产中一般多利用第一个产蛋年。

1. 产蛋鸭的生理特点和要求

（1）胆大而性情温驯

与青年鸭相比，开产以后，鸭的胆子逐渐大起来，敢于接近陌生人。开产后的鸭性情温驯，喜欢离群独处。开产后的鸭子，进鸭舍后就独个儿伏下，安静地休息，不乱跑乱叫，放牧出去，喜欢单独活动。

（2）采食量大

蛋鸭产蛋强度大，产蛋量高，因此食欲好、食量大，机体代谢旺盛，消耗的营养物质特别多，所以对饲料要求条件高。如果饲料中营养物质不足或营养不全，会影响产蛋量、蛋壳质量和鸭的健康。

（3）生活规律性强

蛋鸭一般在深夜1～2时产蛋，此时夜深人静，没有任何吵扰，最适合鸭类的特殊要求。此时如果遭到应激，如突然停止光照或有人员走近，易引起骚乱，出现惊群现象，影响产蛋。在管理上，何时放鸭、何时喂料、何时休息，都会形成一定次序，如果次序被打破（如改变喂料餐数，大幅度调整饲料品种或改变光照、休息时间等），都会引起蛋鸭生理功能紊乱，造成减产或停产。所以，要保持鸭舍环境稳定，操作规程相对固定。

2. 影响产蛋的因素

（1）育成鸭的品质

优质育成鸭是蛋鸭高产的基础，只有培育出优质的育成鸭，才能使其生产潜力充分表现。优质育成鸭的标准如下：

一要品种优良。蛋鸭产蛋首先是由其品种决定的。品种是取得高产的先决条件，所以应根据饲养条件和管理技术，选择适于本地饲养的高产品种。

二是鸭群要健康。只有健康的育成新母鸭，才具有较强的生活力、适应力和抵抗力。培育过程中要加强饲料饲养和环境卫生等管理，减少病原感染和各种疾病的发生。

三是鸭群要均匀整齐。鸭群的均匀整齐性直接关系到鸭群开产的一致性、高峰产蛋率上升的幅度和蛋品的大小，即影响蛋鸭的产蛋性能。

培育过程中，要进行科学的饲养管理，保持适宜的饲养密度，注意分群，减少疾病的发生，并加强体重管理，保证每一只鸭都能良好的发育，培育出体重均匀一致的优质鸭群。

（2）营养因素

进入产蛋期以后，蛋鸭对营养物质的需求量较高，除用于维持生命活动必需的营养物质外，还需要大量产蛋所必需的各种营养物质，如蛋白质、钙等营养物质必须充分供应。要达到持续高产的水平，除优良品种先天因素外，日粮中营养物质全面和平衡，数量满足需要，这是保持高产稳产的必需条件。这既要经过科学的分析和计算，又要善于观察鸭群的状态，提供适于该群体需要的日粮，才能创造高产成绩，获得良好的经济效益。

（3）环境因素

环境因素较复杂，对产蛋影响最大的因素是温度和光照。

①温度：为了充分发挥优良蛋鸭品种的高产性能，除营养、光照等因素外，还要创造适宜的环境温度。鸭虽然对外界温度的变化有一定的适应能力，但超过一定的限度，就会影响产蛋量、蛋重、蛋壳厚度和饲料的利用率，也会影响受精率和种蛋孵化率。鸭没有汗腺散热，当环境温度超过30℃时，体热散发慢，尤其在圈养而又缺乏深水活水运动场的情况下，由于高温影响，采食量减少，正常生理功能受到干扰，蛋重减轻，蛋白变稀，蛋壳变薄，产蛋率下降，严重时会引起中暑。若环境温度过低，鸭体为了维持体温，势必导致能量使用率明显下降。当外界环境处在冰冻（0℃以下）的情况时，鸭群行动迟钝，产蛋率明显下降。

成鸭适宜的环境温度是5℃～27℃。产蛋鸭最适宜的温度是13℃～20℃，此时产蛋率和饲料利用率都处在最佳状态。因此，要尽可能创造条件，特别要做好冬季的防风保温工作，提供理想的产蛋环境温度，以获得最高的产蛋率。

②光照：光照时间长短、光照强度的大小以及光照制度等都影响蛋鸭的生产性能。合理的光照，能使青年鸭适时开产，使产蛋鸭提高产蛋量；不合理的光照，会使青年鸭的性成熟提前或推迟，使产蛋鸭减产停产，甚至造成换羽。

光照时间的长短，影响鸭的性器官发育和卵泡的成熟排卵。较长的光照时数可促进性器官发育和卵泡的成熟排卵。所以在培育期内，为了防止青年鸭过于早熟（早熟的鸭性器官发育与鸭体发育不协调，即鸭体发育没有成熟，产蛋率上升慢，产蛋高峰不高，维持时间短），要控制光照时间；即将进入产蛋期时，为促进卵巢发育和卵泡的成熟排卵，要逐步增加光照时间（光照时间逐渐增至 16 ～ 17 小时，然后稳定），提高光照强度，达到适时开产；进入产蛋高峰期后，要稳定光照制度（光照时间和光照强度），目的是使鸭群保持连续高产。

　　产蛋期的光照强度以 5 ～ 8 lx 为宜。如灯泡高度离地 2 m，一般每平方米鸭舍按 1.3 ～ 1.5 w 计算，大约 30 m^2 的鸭舍装一盏 45 w 的灯泡。灯与灯之间的距离要相等，悬挂的高度要相同。大灯泡挂得高，距离宽，小灯泡则相反。实际使用时，通常不用 60 w 以上的灯泡，因为大灯泡光线分布不均匀、费电；日光灯受温度影响较大，一般也不使用。灯泡必须加罩，使光线照到鸭的身上，而不是照着天花板。鸭舍灰尘多，灯泡要经常擦拭，保持清洁，以免蒙上灰尘，影响亮度。

　　光照管理要注意以下几点：

　　一是逐渐增加光照。进入产蛋期（17 ～ 18 周龄以后），逐渐增加光照，每次增加 0.5 ～ 1.0 小时，维持 1 周后再增加，直至达到每昼夜光照稳定在 16 ～ 17 小时。光照强度逐渐增强，直至达到每平方米 8lx。

　　二是光照要与饲养密切结合。进入产蛋期前后，要改变日粮配方，提高营养水平和增加饲喂量，也应该相应增加光照时数，否则生殖系统发育慢，易使鸭体积聚脂肪，影响产蛋率。同样，增加光照时，也应提高日粮营养水平和增加喂饲量，否则会造成生殖系统与整个体躯的发育不协调，也会影响产蛋率。所以，两者要结合进行，在改变日粮的同时或提前 1 周，增加光照时间。

　　三是光照效果的显示一般需要 7 ～ 10 天，故在产蛋期内，不能因为达不到立竿见影的效果，而突然增加光照时数或提高光照强度。

　　四是光照制度要稳定。每日的光照时数要一定，每天的开关灯时间要固定，光照强度要稳定。切不可忽照忽停、忽早忽晚、忽强忽弱，否则，将使产蛋的生理机能受到干扰，影响产蛋率。

　　五是保证光照系统正常使用和洁净安全，及时更换损坏的光源，定期清理光照系统的灰尘。

　　③通风：根据不同季节保持适宜的通风量。特别要注意冬季的通风，处理好保温和通风的关系，防止一味保温、忽视通风导致舍内空气污浊、引起

呼吸道疾病的发生。

（4）饲养管理因素

鸭的活动具有很强的规律性。如果经常改变，势必会引起产蛋率的下降，如喂料不定时定量、饮水不足、运动场太小、垫料潮湿、受惊骚动、饲料突变、突然的噪声等，都会使产蛋减少。

（5）健康因素

只有健康的鸭群才能充分发挥出生产潜力。鸭群处于亚健康状态或发生疾病，必然影响产蛋量。因此，产蛋期要搞好环境卫生和饲养管理，增加抗病能力，尽量减少疾病的发生，保持鸭群的高产稳产。

3.产蛋鸭的转群入舍

（1）做好入舍前的准备

①检修鸭舍和设备：转舍前对鸭舍进行全面检查和修理。认真检查喂料系统、饮水系统、供电照明系统、通风排水系统以及各种设备用具，如有异常立即维修，保证鸭入舍后正常使用。

②清洁消毒：淘汰鸭后或新鸭入舍前2周，应对鸭舍进行全面清洁消毒。其清洁消毒有以下一些步骤：一是清扫。清扫干净鸭舍地面、屋顶、墙壁上的粪便和灰尘，清扫干净设备上的垃圾和灰尘。二是冲洗。用高压水枪把地面、墙壁、屋顶和设备冲洗干净，特别是地面、墙壁和设备上的粪便。三是彻底消毒。如鸭舍能密封，可用福尔马林和高锰酸钾熏蒸消毒。如果鸭舍不能密封，用5%～8%氢氧化钠溶液喷洒地面、墙壁，用5%的甲醛溶液喷洒屋顶和设备。对料库和值班室也要熏蒸消毒。用5%～8%氢氧化钠溶液喷洒距鸭舍周围5 m以内的环境和道路，运动场可以使用5%的氢氧化钠溶液或5%的甲醛溶液进行喷洒消毒。

③物品用具准备：所需的各种用具、必需的药品和器械及饲料要在入舍前准备好，进行消毒；饲养人员安排好，定人定舍（或定鸭）。

（2）转群入舍

①入舍时间：蛋鸭开产日龄一般为150天，在110天左右就已见蛋，最好在90～100天时转入蛋鸭舍。提前入舍可使青年鸭在开产前有一段时间熟悉环境，适应环境，互相熟悉，形成和睦的群体，并留有充足时间进行免疫接种和其他工作。如果入舍太晚，会推迟开产时间，影响产蛋率上升；已开产的母鸭由于受到转群惊吓等强烈应激也可能停产，甚至造成卵黄性腹膜炎，增加产蛋期死淘数。

②选留淘汰：选留精神活泼、体质健壮、发育良好、均匀整齐的优质鸭，剔除过小鸭、瘦弱和无饲养价值的残鸭。

③分类入舍：即是育雏育成期饲养管理良好，由于遗传因素和其他因素鸭群里仍会有一些较小鸭和较大鸭，如果都淘汰掉，成本必然增加，造成浪费。所以入舍时，可分类入舍，将较小的鸭和较大鸭分别放在不同的群体内，采取特殊管理措施。如将过小鸭放在温度较高、阳光充足和易于管理的区域，适当提高日粮营养浓度或增加喂料量，促进其生长发育；过大鸭可以进行适当限制饲养。入舍时每个群体一次入够，避免先入为主而打斗。

④减少应激：转群入舍、免疫接种等工作时间最好安排在晚上。捉鸭、运鸭等动作要轻柔，切忌太粗暴。入舍前在料槽内放上料，水槽中放上水，并保持适宜光照，使鸭入舍后立即能饮到水，吃到料，有利于尽快熟悉环境，减弱应激；饲料更换有过渡期，即将 70% 前段饲料与 30% 后段饲料混合饲喂 2 天后，50% 前段饲料与 50% 后段饲料混合饲喂 2 天，30% 前段饲料与 70% 后段饲料混合饲喂 2 天，然后全部使用后段饲料，避免突然更换饲料引起应激；舍内环境安静，工作程序相对固定，光照制度稳定；地面要铺细沙，设产蛋窝。开产前后应激因素多，可在饲料或饮水中加入抗应激剂。开产前后每千克饲料添加维生素 C 25 ～ 50 mg 或加倍添加多种维生素；入舍和防疫前后 2 天在饲料中加入氯丙嗪，剂量为每千克体重 30 mg，或前后 3 天内在饲料中加入延胡索酸，剂量为每千克体重 30 mg。

4. 产蛋鸭的一般饲养管理

优良的蛋鸭品种，如绍兴麻鸭、金定鸭、麻鸭、卡基—康贝尔鸭等，在 150 日龄时产蛋率已达 50%，至 200 日龄时，可达到 90%（产蛋高峰）。这时，如饲养管理得当，高峰可维持到 200 天（到 450 日龄）以上，才开始有所下降。根据蛋的变化情况和鸭的体重变化情况将产蛋期分为产蛋初期（150 ～ 200 日龄）、产蛋前期（201 ～ 300 日龄）、产蛋中期（301 ～ 400 日龄）和产蛋后期（401 ～ 500 日龄）四个阶段，各个阶段的饲养管理方法各有侧重。

（1）产蛋初期和前期的饲养管理

新鸭开产以后，此时身体健壮，精力充沛，这是蛋鸭一生中较为容易饲养的时期。产蛋初期和前期产蛋率逐渐上升到高峰（一般到 200 日龄左右，产蛋率可以达到 90%，以后继续上升到 90% 以上），蛋重逐渐增加（初产蛋只有 40g，到 200 日龄可以达到全期蛋种的 90%，250 日龄可以达到标准蛋重），鸭的体重稍有增加，对营养和环境条件要求比较高，饲养管理的重点是保证充足的营养、维持适宜的环境，使鸭的产蛋率尽快上升到最高峰，避免由于饲养管理而影响产蛋率上升。

①及时更换产蛋饲料：15 ～ 16 周将青年鸭饲料更换为产蛋鸭饲料。饲料中蛋白质含量为 18% ～ 22%，补足矿物质饲料。每天饲喂 3 ～ 4 次，让蛋

鸭自由采食，吃好吃饱，并注意喂夜餐。喂料时，一定要同时放盛水的水槽，并及时清理水槽中的残渣，做到吃食、饮水、休息分开，保证饮水充足洁净。

②注意观察：观察蛋鸭十分重要，通过观察及时发现饲养和管理中的问题，随时解决。

③增加光照：改自然光照为人工补充光照。从产蛋开始，每日增加光照20分钟，直至每日光照达16小时或17小时；光照强度5 lx，每平方米鸭舍1.4 w或每18 m² 鸭舍装一盏25 w以上有灯罩的电灯（安装高度2 m）；灯泡分布均匀，交叉安置，且经常擦拭清洁；晚间点灯只需采用朦胧光照即可。不要突然关灯或缩短光照时间，以免引起惊群和产畸形蛋；如果经常断电，要预备煤油灯或其他照明用具。

（2）产蛋中期的饲养管理

当产蛋率达90%以上时，即进入盛产期，经过100多天的连续产蛋后，体力消耗非常大，健康状况已经不如产蛋初期和前期，所以对营养的要求很高。若营养满足不了需求，产蛋量就要减少，甚至换毛。这是比较难养的阶段。本阶段饲养管理的重点是维持高产，力求使产蛋高峰达到400日龄以后。

在此期间应提高饲料质量，增加日粮营养浓度，喂给含19%～20%蛋白质的配合饲料；每只鸭每日采食量为150 g左右，并适当增喂颗粒型钙质和青饲料。此时蛋鸭用料可通过观察蛋鸭所排出的粪便、蛋重、产蛋时间、壳势、鸭身羽毛等变化进行调整。盛产期间蛋鸭保持产蛋率不变，蛋重8枚达500 g且稍有增加，体重基本不变，说明用料合理。若此时体重有减轻，应增喂动物性饲料；体重增大，可将饲料的代谢能降下来，适当增喂青饲料，控制采食量，但动物性饲料保持不变。为降低饲料成本，应积极利用当地工业副产品，如啤酒糟、味精糟等；鱼粉要注意质量，向信誉较好、质量稳定的卖主购入，防止饲料掺假掺杂，影响产蛋变化。

另外，如有条件，应加强鸭群的放牧，让其在田间、沟渠、湖泊中觅食小鱼、小虾、河蚌、螺蛳和蚯蚓等动物性饲料；然后再适当补喂植物性饲料，以满足蛋鸭对各种营养成分的需要。如果舍饲，需给蛋鸭补喂10%的鱼粉和适量的"蛋禽用多种维生素"。

（3）产蛋后期的饲养管理

经过8个多月的连续产蛋以后，到了后期产蛋高峰就难以保持下去了，但对于高产品种，如饲养管理得当，仍可维持80%左右的产蛋率。具体说，450日龄以前产蛋率达85%左右，470日龄时产蛋率为80%左右，500日龄时产蛋率为75%左右。要达到这样的水平，后期的饲养管理工作要认真做好，如稍不谨慎，产蛋量就会减少，并换毛。此后要停产3个月，甚至更长，短期内就无法提高产蛋率。

①要根据体重和产蛋率确定饲料的质量和喂料量。如果鸭群的产蛋率仍在80%以上，而鸭子的体重却有减轻的趋势，此时应在饲料中适当增加动物性饲料；如果鸭子体重增加，身体有发胖的趋势，但产蛋率还有80%左右，这时可将饲料中的代谢能降下来或适当增喂粗饲料和青饲料，或者控制采食量；如果体重正常，产蛋率亦较高，饲料中的蛋白质水平应比上阶段略有增加；如果产蛋率已降到60%左右，此时已难以上升，无须加料。

②每天保持16小时的光照时间，不能减少。如产蛋率已降至60%时，可以增加光照时数到17小时直至淘汰为止。

③操作规程要保持稳定，避免一切突然刺激而引起应激反应。

④注意天气变化，及时做好准备工作。

⑤观察蛋壳质量和蛋重的变化。如出现蛋壳质量下降，蛋重减轻，可增补鱼肝油和无机盐添加剂。

（三）肉鸭的饲养管理

目前的肉仔鸭多是使用几个品种进行杂交生产的杂交商品代肉鸭，采用集约化方式饲养，批量生产，这是当代肉鸭生产的主要方式。肉用仔鸭分为育雏期（0～3周龄）和育肥期（4周龄至上市），不同时期的饲养管理要求不同。

1. 肉用仔鸭的特点

（1）生长迅速，出肉率高，肉质好

大型商品肉鸭的生长速度是家禽中最快的一种。大型商品肉鸭8周龄可达3.0～3.5 kg，为其初生重的50倍以上，上市体重一般在3 kg或3 kg以上，远比麻鸭类型品种或其杂交鸭重。而且大型商品肉鸭的胸腿肌特别发达，据测定8周龄的大型商品肉鸭的胸腿肌可达600 g以上，占全净膛屠体重的25%以上，胸肌可达300 g以上。这种肉鸭的鸭肌肉肌间脂肪多，肉质细嫩，是烤鸭和煎、炸鸭食品的上乘材料。

（2）饲料转化率高，经济效益好

大型商品肉鸭在较好的营养条件下，一般饲养到8周龄上市的肉料比约为1：3，到7周龄上市则可降到1:（2.6～2.7）。

（3）性情温驯，易管理

大型肉鸭性情温驯，合群性强，不会飞，潜水能力也较差。因此，它既可适于农村家庭庭院式饲养，又适宜于工厂集约化饲养。在有规律的管理条件下，很容易建立条件反射。如鸭子进出圈、下河、饲喂等工作，只要工作定时，秩序井然，并配合相应的信号，群鸭一呼百应，管理起来非常方便。

（4）生产周期短，可全年批量生产

大型商品肉鸭由于生长特别迅速，从出雏到上市全程饲养期仅需 42 ～ 56 天，生产周期极短，资金周转快，这对经营者十分有利。大型商品肉鸭采用全舍饲（房舍内饲养）饲养方式，因此打破了生产的季节性，可以全年批量生产。在稻田放牧生产肉用仔鸭季节性很强的情况下，饲养大型商品肉鸭正好可在当年，12 月份到翌年 5 月份这段市场肉鸭供应淡季的时间内提供优质肉鸭上市，可获得显著经济效益。这是近年来大型商品肉鸭在大中城市迅速发展的一个重要原因。

2. 肉用仔鸭的饲养方式

肉用仔鸭大多采用全舍饲，即鸭群的饲养过程始终在舍内。饲养方式有以下三种：

（1）地面平养

水泥或砖铺地面撒上垫料即可。若出现潮湿、板结，则局部更换厚垫料。一般随鸭群的进出全部更换垫料，可节省清圈的劳动量。这种方式因鸭粪发酵，寒冷季节有利于舍内增温。采用这种方式饲养，舍内必须通风良好，否则垫料潮湿、空气污浊、氨浓度上升，易诱发各种疾病。这种管理方式的缺点是需要大量垫料，舍内尘埃多、细菌也多。各种肉用仔鸭均可采用这种饲养方式。

（2）网上平养

在地面以上 60 cm 左右铺设金属网或竹条，木栅条。采用这种饲养方式，粪便可由空隙中漏下去，省去日常清圈的工序，减少由粪便传播疾病的机会，而且饲养密度比较大。网材采用铁丝编织网时，网眼孔径：0 ～ 3 周龄为 10 mm×10 mm，4 周龄以上为 15 mm×15 mm。网下每隔 30 cm 设一条较粗的金属架，以防网凹陷；网状结构最好是组装式的，以便装卸时易于起落。网面下可采用机械清粪设备，也可用人工清理。采用竹条或栅条时，竹条或栅条宽 2.5 cm、间距 1.5 cm。这种方式要保证地面平整，网眼整齐，无刺及锐边。实际应用时，可根据鸭舍宽度和长度分成小栏。饲养雏鸭时，网壁高 30 cm，每栏容 150 ～ 200 只雏鸭。食槽和水槽设在网内两侧或网外走道上。饲养仔鸭时每个小栏壁高 45 ～ 50 cm，其他与饲养雏鸭相同。应用这种结构必须注意饮水结构不能漏水，以免鸭粪发酵。这种饲养方式适合饲养大型肉用仔鸭，0 ～ 3 周龄的其他肉鸭也可采用。

（3）笼养

目前在我国，笼养方式多用于养鸭的育雏阶段，并正在大力推广之中。

改平养育雏为笼养，在保证通风的情况下，可提高饲养密度，一般每平方米饲养 60 ～ 65 只。若分两层，则每平方米可养 120 ～ 130 只。笼养可减少禽舍和设备的投资，减少清理工作，还可采用半机械化设备，减轻劳动强度。饲养员一次可养雏鸭 1 400 只，而平养只能养 800 只。笼养鸭不用垫料，既免去垫草开支，又使舍内灰尘较少，且粪便纯。同时笼养雏鸭完全处于人工控制下，受外界应激小，可有效防止一些传染病与寄生虫病的发生。加之又是小群饲养，环境特殊，通风充分，饲粮营养完善，采食均匀。因此，笼养鸭生长发育迅速、整齐，比一般放牧和平养生长快，成活率高。笼养育雏一般采用人工加温，因此舍上部空间温度高，较平养节省燃料，且育雏密度加大，雏鸭散发的体温蓄积也多。一般可节省燃料 80%。目前笼养有单层笼养，也有采用两层重叠式或半阶梯式笼养。

我国笼养育雏的布局采用中间两排或南北各一排，两边或当中留通道。笼子可用金属或竹木制成，长 2 m，宽 0.8 ～ 1.0 m，高 20 ～ 25 cm。底板采用竹条或铁丝网，网眼 1.5 m²。两层叠层式，上层底板离地面 120 cm，下层底板离地面 60 cm，上下两层间设一层粪板。单层式的底板离地面 1 m，粪便直接落到地面。食槽置于笼外，另一边设长流水。

三、生态放养鸭的饲养管理

生态放养鸭一般分为育雏和放养两个阶段。育雏在舍内，饲养 4 周左右，根据气候情况再进行放牧。林地、果园（茶园、桑园）、荒山荒坡、草场、农田、滩涂等都可以进行放牧。牧地要有充足的水源，地势高燥，坡度不应太大，以利于排水；牧地要开阔整齐，清洁卫生，远离污染源，植被条件好。生态放养鸭应首先选择地方品种，其次是杂交品种。

（一）生态放养雏鸭的饲养管理

鸭从雏鸭舍到舍外放牧，环境变化较大，为让鸭能尽快适应环境的变化，防止对鸭产生大的应激反应，育雏阶段要给予适应性训练。

1.适应气候变化的训练

育雏后期应逐渐降低育雏舍温度，延长自然通风时间，使鸭舍内环境逐渐接近舍外的气候条件，直至停止人工供温。育雏脱温结束后，放养前 7 ～ 10 天，训练鸭适应外界气候。方法是：每天上午 10 时到下午 3 时将鸭舍南北窗打开，逐渐提早到每天天亮至天黑全天开窗，让鸭适应外界气候。

2.适应饲料变化的训练

放养前 1 ～ 3 周，在饲料中添加一定量的青草或青菜，每天逐步加大投喂量。在放牧开始前，青饲料的添加量可以占到雏鸭饲喂量的一半左右，适当喂给人工饲养的蝇蛆、蚯蚓等，使鸭在放养后适应采食野生饲料和昆虫类饲料。

3. 加大活动量

育雏后期，逐渐扩大雏鸭的活动范围，加大活动量，强健体质，以适应放牧环境。

4. 预防应激

放牧前和放牧的最初几天内，在饲料或饮水中添加适量的维生素 C 或电解多维等药物，以减少应激。

5. 加强管理

注意训练、调教鸭群，喂料时给予响声，使鸭在放养前形成条件反射，以利于放牧管理。育雏后期，在饲养方式、饲喂次数、饮水方式等日常管理可以逐渐接近生态放牧的饲养管理，以便鸭群尽快适应外界放牧环境。

（二）生态放养育成鸭的饲养管理

1. 育成鸭的特点

育成鸭羽毛生长迅速，体重增长快，性器官发育快，适应性强，可以充分利用自然环境条件。育成鸭表现出较强的杂食性，可以充分利用天然动植物性饲料。

2. 放养前的准备

（1）鸭舍准备

在放养地准备好鸭舍，鸭舍面积：5～10 周龄每平方米为 10～15 只，11 周龄到育成结束每平方米为 8～10 只。把鸭舍分间，每间容纳 100～200 只鸭。舍内铺设垫料或架设网面（离地面 30 cm，并做好鸭上下网的梯板）；舍外有运动场，运动场上搭设遮雨棚。

（2）饲槽和饮水器准备

要在育成舍内准备好数量充足的料槽和饮水器，并放上料和水，鸭进入舍内就可以采食饮水。3 天后逐渐把料槽和饮水器移到外面运动场区。

（3）鸭舍和放养地的清洁

进鸭前对鸭舍及其周围和设备用具进行彻底全面的消毒，对放养场地进行清洁、消毒。

3. 转群

经过脱温、训练后并适应放养的雏鸭可以转群到放养地进行放养。转群前 3～5 天，在饲料中加入电解质或维生素 C，每天早晚各一次。转群前

2～3小时不要喂鸭，保持空腹。转群选在晴暖、无风的天气进行，最好在早晨或夜晚进行。转群时应一次性将雏鸭转入放养地的育成鸭舍内，并结合免疫接种计划进行免疫。

4. 分群和疏群

根据鸭的品种、日龄、性别、体重和放养地的植被情况等因素综合考虑分群和群体大小，一般一个群体200～300只育成鸭比较适宜，不超过500只。放养初期鸭体重小，饲养密度和群体可以大一些；植被状况好（夏秋季节，植被茂盛，昆虫多）时，饲养密度和群体也可以大一些。鸭体重较大或植被状况差（早春和初冬，青饲料少）时，饲养密度和群体要小一些。否则，影响鸭的生长发育、群体均匀度和成活率。

（三）生态放养产蛋鸭的饲养管理

1. 产蛋箱放置及蛋的收集

（1）产蛋箱设置

可采用开放式产蛋巢，即在过夜鸭舍一角用围栏隔开，地上铺上垫草，让鸭自由进入或离开；也可以用产蛋箱。产蛋箱在鸭舍周边贴墙放置，放在光线暗、太阳照射少的地方，使母鸭产蛋不受外界干扰，并要远离饮水器。产蛋箱尺寸为长40 cm、宽30 cm、高40 cm，每4只母鸭一个产蛋箱，可将几个产蛋箱连在一起。箱底铺上10 cm厚的刨花、稻壳、稻草和麦秸等垫草，要及时更换污浊的垫草。产蛋箱要固定。

（2）蛋的收集

早晨放养鸭时，将鸭从鸭舍赶出后要及时捡蛋。在鸭群开始产蛋的一段时间内，捡蛋时可以留一枚蛋作为引蛋，培养鸭进入产蛋箱产蛋的习惯。进入高峰后，仔细检查每一只产蛋箱和鸭舍的角落，捡出所有的蛋。要在野外寻找蛋，并破坏产蛋环境，迫使鸭回产蛋箱内产蛋。

集蛋前用0.01%的新洁尔灭溶液洗手消毒。捡蛋时要将洁净蛋、污浊蛋分开放置，将畸形蛋、软壳蛋、沙壳蛋等挑出单放。及时拣出破蛋，以免鸭养成吃蛋的恶习。发现产蛋率大幅下降或异形蛋、软壳蛋增多时，应及时查找原因。

2. 补料

影响放养鸭产蛋期精料补充量的因素主要有品种、产蛋阶段产蛋率、放养的状况和饲养密度。

（1）补料量

由于放养鸭采食的饲料种类和数量难以确定，所以很难给出一个绝对的补充饲料数量。在生产中，具体补充饲料数量的确定可根据如下情况灵活控制：地方品种鸭的觅食力较强、觅食的范围较广、产蛋性能较低，补料量可以少一些；产蛋高峰需要的营养多，补料量可以多一些，其余产蛋期补料可以少一些；放养地野生资源丰富或饲养密度小时，补料可以少一些，否则应增加补料量。

（2）补料方法

从鸭群产蛋开始，白天让鸭在散养区自由采食，中午和傍晚各补饲 1 次。每次补饲量按其采食量的 70% ～ 80% 补给，一直实行至产蛋高峰及高峰后 2 周。

产蛋开始一段时间，鸭的体重不变或变化不大，说明管理恰当，补料适宜；若体重偏重或偏轻，应当调整补料量和料质量。蛋的品质和鸭群精神状态可以直接反映营养物质的进食情况。如蛋的大端偏小是欠早食，小端偏小是欠中食；有砂眼和粗糙甚至软壳说明饲料质量有问题，特别是缺钙和维生素 D。若每日推迟产蛋时间或白天产蛋，且蛋非常分散，应及时补喂精料。

产蛋后期可以根据体重和产蛋率的变化确定饲料的质量和饲喂量。如果产蛋率仍较高，体重略有减轻趋势，可在饲料中适当增加动物性饲料；如体重增加，产蛋率仍较高，可以增喂粗饲料和青饲料，或者控制采食量，但动物性饲料还应保持原来的量或略增加；如果体重正常，产蛋率较高时饲料中蛋白质水平应略增加。

当蛋鸭到 500 ～ 600 日龄，如产蛋率已经降至很低，饲养无利时，无须加料，准备淘汰或强制换羽。

3. 饮水

在鸭活动范围内，每 10 只鸭可以放置一个水盆，水盆不宜过大过深，保证供给充足、清洁的饮水。

4. 光照管理

放养鸭从 100 ～ 110 日龄就开始补光，一般实行早晚补光，全天光照时间保持在 16 小时以上。产蛋 2 ～ 3 个月后，可将光照时间调整为 17 小时。早晨从 5 时开始亮灯，傍晚 10 时关灯。光照强度以 5 ～ 8 lx 为宜。大约 18 m^2 的鸭舍安装一盏 25 w 的灯泡，灯泡距离地面 2m。注意光照制度要稳定。

5. 划区轮放

用塑料网将放牧地分割成几个区域，按计划逐区分别放养，使植被得到恢复，鸭可以获得更多的野生资源。

6. 淘汰低产鸭

产蛋高峰后会有低产鸭和停产鸭出现，要及时淘汰。高产鸭和低产鸭可以通过"五看"和"四摸"的方法进行识别。

一看头。鸭头稍小，似水蛇头，嘴长，颈细，眼大凸出且有神，光亮机灵的为高产鸭；鸭头偏大，眼小无神，颈项粗、短的为低产鸭。二看背。鸭背较宽，胸部阔深的为高产鸭；鸭背较窄的为低产鸭。三看躯。体躯深、长、宽的为高产鸭；体躯短、窄的为低产鸭。四看羽。鸭羽紧密、细致，富有弹性的为高产鸭；羽毛松软，无光泽，花纹粗大的为低产鸭。五看脚。用手提鸭颈，若两脚向下伸，且不动弹，各趾展开的为高产鸭；若双脚屈起或不停动弹，各趾靠拢的为低产鸭。

一摸耻骨。产蛋期的高产鸭，耻骨间距宽，可容得下 3 ～ 4 指；而低产鸭，耻骨间距窄，只能容得下 2 ～ 2.5 指。二摸腹部。高产鸭腹部大且柔软，臀部丰满下垂，体形结构匀称；低产鸭腹小且硬，臀部不丰满。三摸皮肤。高产鸭皮肤柔软，富有弹性，皮下脂肪少；而低产鸭皮肤粗糙，无弹性，皮下脂肪多。四摸肛门。高产鸭泄殖腔大，呈半开状态；而低产鸭泄殖腔紧小，呈收缩状，有皱纹，比较干燥。

将初步鉴定为低产的鸭，隔离饲养，用手指顶触蛋鸭泄殖腔产道口，触摸是否有蛋，连续触摸 2 ～ 3 天都没有蛋，就应淘汰。但当年春季培育的新鸭群，即使产蛋率低也不宜淘汰。

（四）不同放养地放养鸭的饲养管理

1. 果园生态养鸭饲养管理

果园生态养鸭是利用果园隙地作为鸭的饲养场地，充分利用果园昆虫、小动物及杂草等自然的动植物作为饲料资源，通过围网放养结合圈养或棚养的养鸭模式。饲养过程实行舍养（育雏阶段在鸭舍内养殖、放养阶段晚上鸭在舍内休息和过夜）和放养（雏鸭脱温后白天在林地散放饲养）相结合，鸭可以自由采食果园里生长的野生自然饲料如各种昆虫、青草、草籽、嫩叶和矿物质等，再通过合理的补喂饲料、科学的饲养和管理技术、严格的卫生防疫措施，在整个饲养过程中严格限制饲料添加剂、化学药品及抗生素的使用，以提高鸭蛋、鸭肉风味和品质，生产出更加优质、安全的无公害或绿色的肉、蛋产品。

利用果园进行生态养鸭这种新型养殖方式，合理利用了果园隙地，鸭在新鲜的空气、自由的觅食运动中充分享受了动物福利，这种因地制宜利用果园发展生态养鸭的模式，已经是不少地区发展生态农业的重要方式。

（1）果园的选择

地势高燥、环境安静、饮水方便、农药使用少、排水良好、无污染的果园都可养鸭。以干果、主干略高的果园为佳，最理想的是核桃园、枣园、柿园、桑园等，这些果树主干较高，果实结果部位也高。苹果园、梨园、桃园、杏树园、橘园、李园、山楂园等，放养期应避开果树用药期，防止鸭农药中毒。

（2）鸭品种的选择

果园养鸭，环境较复杂，饲养管理条件不高，所以所养品种要求适应性较强、觅食能力强、耐粗饲、抗病力强，应选择既适于圈养，又可在低山、丘陵地区放养的品种进行饲养。最适宜养殖的品种，首先为地方品种鸭，其次是地方杂交鸭，再次是良种蛋鸭，一般不宜养殖大型肉用鸭。果园养鸭，品种的选择是生产成功与否的关键环节，除选择适合放牧饲养的品种外，在选择品种时还应结合以下几个方面综合考虑确定饲养品种。

①市场需求：养鸭要首先分析市场需求，事先要做细致的市场调查，找准市场定位，调查清楚市场对产品的需求情况。各地的消费习惯各不相同，对鸭产品的需求不一样，一定要根据实际调查结果，选择所要饲养的类型和品种，只有适销对路的产品，才能有较好的经济效益。如果饲养类型、品种不被市场接受，产品销路不好，也会导致饲养失败。

②品种的适应性：任何一个品种都是在某一特定条件下培育或形成的，不同品种对气候条件、饲养管理和饲料等都有不同要求。我国南方和北方地区自然环境差异较大，气候条件不同，如南方平均气温高、夏季炎热、多雨潮湿，北方平均气温低、干燥、冬季寒冷，因此，不同品种对不同气候条件适应能力各不相同。选购雏鸭之前，在考虑市场需求的前提下，一定要详细了解品种的适应性，收集、阅读关于该品种的介绍资料，确定是否适应当地的气候条件、环境状况和饲料条件等，不可盲目引种或选购。

（3）放养密度

鸭在果园放养时，觅食时首先是选择各种昆虫，其次是嫩草、嫩叶，饲养密度合适时，鸭就不会破坏果实。安排好适宜的饲养规模和密度非常重要。注意鸭群规模和饲养密度不宜过大，以免果园青嫩植物、虫体等短时间就被鸭采食一空，使鸭的活动区地上寸草不生，造成过牧，植被不能短期恢复，鸭无食可吃，无法保证鸭的正常生长，靠人工饲喂，打乱果园养鸭计划，甚至造成果园养鸭失败。

根据放养鸭的大小，强弱决定放养密度，遵循宜稀不宜密的原则。一般每亩果园可放养成鸭20～30只。

（4）棚舍建造

果园放养需有棚舍，以备晚上补饲、饮水、产蛋时使用。可因地制宜，在不远离放养园的情况下采用依山靠崖、旧建筑物改造等方法建造。应以每平方米6～7只计算棚舍建筑面积，棚前要围圈出一定的活动场地，并在场地内放置料槽和饮水器槽。

（5）消毒池

果园门口和鸭舍门口设置消毒池，消毒池长度为进出车辆车轮 2 个周长，宽应保证车轮浸过消毒池，常用 2% 的氢氧化钠溶液，每周更换 3 次，也可用 10% ～ 20% 的石灰水。

（6）围网

为防止各种敌害侵袭，要对果园进行必要的改造。果园四周要设置围墙或密集埋植篱笆，或用 1.5 ～ 2.0 m 高的铁丝网或尼龙网围起，防止鸭到果园外面活动走丢，也防止动物或外来人员进入果园。也可配合栽种葫芦、扁豆、南瓜等秧蔓植物加以隔离阻挡；种植带刺的刺槐枝条、野酸枣树或花椒树，可起到阻挡外来人员、兽类的作用。

（7）周期安排

一个果园最好在同一时期只养一批鸭，同日龄的鸭在管理和防疫时方便也安全。如果果园面积较大，可考虑市场供应，错开上市，养两批鸭时，要用篱笆或网做分隔，并要有一定距离，以防鸭走混，减少互相影响。

（8）分区轮牧

根据果园面积大小将其分成若干小区，用高 50 cm 的尼龙网隔开，分区喷药，分区放养，分区轮牧，也利于果园牧草生长和恢复，遇天气突变，也利于管理，减少鸭的丢失。

根据果园面积大小和养鸭的规模将果园分为几个区，通常每个区面积可按 6 670 m² 规划。养鸭数量少时，可以不分区，但应根据园内杂草及昆虫等的生长繁殖情况实行间断放牧。在轮放区内要为鸭子备足饮用水。

有条件时，果树行间可间作优质牧草，为鸭提供部分精饲料。可用少部分果林间空地常年育虫喂鸭，补充蛋白质饲料，使鸭肉品质得到显著改善。

（9）果实套袋

实行果实套袋，也可保护果实免受鸭的啄食。

（10）防止农药中毒

果园因防治病虫害要经常喷施农药，喷施农药要选择对鸭没有毒性或毒性很低的药物。为避免鸭采食到沾染农药的草菜或虫体中毒，打过农药 7 天后再放养。雨天可停 5 天左右。果园养鸭应备有解磷定、阿托品等解毒药物。

果园应使用低毒安全农药，提倡使用生物源农药（白僵菌、农抗 120、武夷菌素、BT 乳剂、阿维菌素等）、矿物源农药（药效期长，使用方便，果树生产中使用最多、效果较好的有石硫合剂、硫悬浮剂、波尔多液、柴油乳剂、松焦油原液等）、昆虫生长调节剂（目前应用最广、效果最理想的是灭幼脲类农药，如灭幼脲 3 号，能有效防治食叶毛虫、食心虫，同时还能兼治红蜘蛛等害虫。此类农药药效期长，不伤害天敌，不污染环境）和低毒农药（辛硫磷、敌百虫、代森锰锌类、甲基硫菌灵、多菌灵、三唑酮、百菌清等），禁止使用残效期长的农药。

（11）实行捕虫和诱虫

结合果园养鸭，树冠较高的果树，鸭对害虫的捕捉受一定影响，为减少虫害发生和减少喷施农药次数，在鸭自由捕食昆虫的同时，可使用灯光诱虫。

应用频振杀虫灯，对多种鳞翅目、鞘翅目等多种害虫有诱杀作用。利用糖醋液中加入诱杀剂诱杀夜蛾、食心虫、卷叶虫等。黑光灯架设地点最好选择在果园边缘且尽可能增大对果园的控制面积。灯诱生态果园害虫宜在晴好天气的晚上 7～12 时开灯，既能有效地诱杀害虫，又有利于节约用电和灯具的维护。在树干或主枝绑环状草把可诱杀多种害虫。

（12）在果园行间种草

种草可增加地面覆盖度，保墒效果好。另外，种草还有提高土壤肥力、好管理、减少除草用工、提高果实品质等好处。人工草种可选用紫花苜蓿、白三叶草、多花黑麦草等，最好是豆科草种和禾本科草种混种。

果园内杂草和种植的牧草要适时控制高度，10 cm 以上要注意收割。

（13）建水池

果园建一水池，供鸭洗浴，夏季防暑降温。但应注意水池离果树的距离不要太近，一般要在树体 5 m 以外，以防渗漏，造成涝灾，影响果树生长，或造成果树死亡。

（14）果园慎用除草剂

果园地上嫩草是鸭的主要饲料来源。没有草生长，鸭就失去绝大多数的营养饲料来源，因此，果园养鸭不能使用除草剂。

（15）严防兽害

防止野生动物对鸭的伤害，加强监管，严防鼠害。放养鸭要严防山猫、黄鼠狼之类野兽的侵害。侵害鸭的兽类都惧怕网具，因此采用尼龙网围圈放养区是有效的安全防御措施，不管放养多少只，也不管面积大小，都要用网围圈，并要固定专人管理。特别是放养幼龄鸭，防鼠害更为重要。

（16）防疫灭病

放养鸭的防疫要坚持"预防为主，防重于治"的方针，要按照常规防疫程序，定期进行疫苗接种，做好防疫灭病工作。

（17）鸭出栏

鸭出栏后，对果园地里的鸭粪翻土深 20 cm 以上，地面用 10%～20% 的石灰水喷洒消毒，以备下一批鸭饲养。

2. 林地生态放养鸭的饲养管理

充分利用林间空闲地养鸭，可以减少养鸭粪便造成的环境污染，还为树木生长提供有机肥料，增加林木经济的效益，是一举多得的好项目。

（1）注重选址

应选择地势高燥平坦、排水良好的林地，尽量远离其他养殖户和污染区。棚舍周围的杂草及障碍物要清除干净，以防止滋生蚊蝇和禽类天敌的骚扰。

（2）建设鸭棚

养鸭大棚一般多为坐北朝南、东西走向。鸭棚檐高 2.5 m，顶棚脊高 3 m，宽度 8 m，长度视情况而定，一般在 50 m 左右。低于 40 m 会导致鸭棚造价升高，鸭群较小，降低劳动生产率；大于 60 m 会使单栋鸭棚面积过大，养鸭太多，人员照顾鸭群不便。林地大棚养殖肉鸭以每平方米 5 只为宜。

（3）预防天敌

林区内野生动物较多，如老鼠、蛇类、黄鼠狼等，对鸭子构成了潜在的威胁。所以，要经常维护棚舍，加强夜晚管理；同时，可适当养犬，有助于预防兽类对鸭群的危害。

（4）抓好防疫

在场区入口处设立消毒池，对进出人员和车辆进行消毒。环境消毒可用廉价生石灰、草木灰或氢氧化钠进行。带鸭消毒可选用对人禽无毒或低毒的药物，如百毒杀等。防疫可根据事先拟定的防疫程序进行。

（5）加强管理

在林间养鸭与在林外养鸭除了地点、环境有所不同之外，在饲养管理各个方面都要加强，要在肉鸭的育雏、中鸭和成鸭管理等方面分别做好温度、湿度、密度、光照、通风、饮水、给料、投药、卫生等日常管理工作。

（6）适时出栏

如果是合同鸭，则应按合同约定的时间或日龄出售；如不是合同鸭，需要自行卖鸭，就要灵活把握肉鸭出栏时间。

市场价格高时可提前出栏，价格低时可适当晚几天出栏。但必须注意，鸭子最早的出栏日龄不能小于 27 ～ 28 天（此时毛鸭体重在 2 kg 左右），最多日龄不能超过 45 天（此时毛鸭体重 3.5 kg），如果超期饲养就会降低饲料报酬，影响养鸭的经济效益。

3. 稻田生态养鸭的饲养管理

稻田生态养鸭具有明显的优势，技术也比较成熟。其优势是：①有利于水稻生产。鸭在水稻田中自由穿行、觅食生活，不仅能够除去稻田中的杂草和害虫，而且可以刺激水稻的生长。鸭粪直接排在稻田中，能被水稻吸收利用，增加土壤肥力，促进水稻生长，减少环境污染。稻田养鸭可以节约化肥、农药及人力的支出，降低水稻生产成本。②有利于鸭的生产。鸭能在稻田的水面休息嬉戏，稻田可以为鸭遮阳蔽日，提供一个良好的养殖场所。稻田中的昆虫、水生植物及水生动物等是优质的饲料资源，解决了部分食物尤其是动物蛋白质饲料投入。稻田养鸭生产环境好，鸭体健壮，可以减少抗菌药物的使用，生产出优质无药物残留的鸭产品。

（1）搞好场地建设

稻田生态养鸭虽然好处很多，操作也比较容易，但对拟作为养鸭场地的稻田还要进行一些改造，主要有两个方面：一是要添置养殖鸭子的围栏。设置围栏的目的在于便于管理和防止鸭子逃窜。要注意控制建筑材料成本，提倡就地取材，可以因陋就简，木条、竹条、尼龙网、编织袋等都可以用。围栏高度以50～60 cm为好，围栏间距要适中，以不让鸭子逃出为宜。二是要搭建栖架，供鸭子上岸休息使用。通常在田埂上搭建，材料也要因地制宜，一般以木条、竹条为好。栖架上最好有顶棚，可以遮阳避雨。栖架要高出稻田20 cm左右。搭建栖架的面积根据饲养鸭子数量确定，一般以每平方米6～7只为宜。

（2）选好放养品种

稻田养鸭的养殖环境和普通养鸭不同。稻田养鸭受自然因素的影响大，更接近于野生状态，因此，放养品种的选择要根据稻田养鸭的特点来确定。一是要选择抗病力强、适应性广的品种；二是要选择耐水性好、行动灵敏、浑水效果好的品种；三是要选择野食能力强，除虫、除草能力强的品种。

（3）确定规模和数量

每群鸭的规模不宜过大，规模过大容易导致在鸭子聚集地区踩坏稻苗。一般一群鸭饲养规模要控制在100只以下。饲养密度以每亩（1亩≈666.7m²）20只左右为宜。密度过大，食物来源紧张，鸭子长势不好；密度过小，浪费资源，不能起到浑水、除虫、除草的作用。

（4）放养前的准备

①育雏：根据鸭子在野外生活的特点，用于稻田放养的鸭苗必须身体强健，因此搞好育雏十分重要。要从刚出壳的雏鸭中选择收黄较好、健康、灵活、体态适中的雏鸭进行育雏。育雏期要注意控制温度：1～3日龄时温度为28℃～30℃，4～6日龄时温度为26℃～28℃，7～10日龄时温度为24℃～26℃，11～20日龄时温度为20℃～24℃。要及早开水、开食，开水的时间最晚不能超过出壳后24小时，开水0.5小时后即可开食。

②驯水：经过驯水的鸭子，耐水时间长，能较快适应稻田生活。雏鸭驯

水在 4 或 5 日龄就可开始，池水深 10 cm 左右。第一次下水时间不超过 10 分钟，上岸后晾干绒毛后还可再次下水。第一天下水 5 ~ 6 次，以后随着天数的增加，下水的时间和次数。在雏鸭驯水时，要注意保温，环境温度要控制在 25℃左右，水温不能低于 20℃。绒毛过湿的雏鸭要将它们及时烘干。

③驯食：主要是增加鸭子野食的能力。雏鸭 3 日龄后，在饲料中逐渐混合添加 10% ~ 30% 的青饲料。在放养前几天，天气晴朗、温度适宜时，可停喂一段时间的饲料，然后把饥饿的鸭子放在野外，训练其主动啄食昆虫和野草的能力。

④确立信号反射：为了便于以后对放养于稻田中鸭群进行管理，每次喂料时都要给鸭群一个明确响亮的信号（如吹哨），使鸭群形成条件反射，便于放养以后的饲喂和召集鸭群。

⑤确定放养时期：稻田养鸭的时期要以水稻生长的时期来确定，放养的鸭以 20 日龄左右下田为宜，在秧苗移栽后开始返青分蘖即秧苗移栽后 12 天左右放入鸭为好。放入过早，容易损坏秧苗；放入过晚，鸭除虫、除草效果欠佳。通常在下谷种育秧前种蛋要入孵，保证雏鸭日龄稍大于秧龄为好。随着水稻逐渐成长，鸭也慢慢长大，待到水稻抽穗灌浆、稻穗下垂时要及时收回放养的鸭，以免造成水稻的损失。

⑥饲养管理：放养前的鸭子按常规方式进行饲养，稻田放养后的鸭子需补充精料。白天让鸭子在稻田觅食，晚上回到棚舍时应补充精饲料，让鸭子自由采食，可采用定时饲喂方式，控制精饲料的摄入量，增强鸭子的觅食能力，节省饲养成本。应对鸭子进行调教，使鸭子形成良好的行为习惯。稻鸭共生期为 45 ~ 60 天，水稻抽穗扬花后，应及时将成鸭从稻田收回，肉鸭即可上市出售，蛋鸭转入育成舍饲养。

参考文献

[1] 廖伏初 . 河蟹生态养殖 [M]. 长沙：湖南科学技术出版社 ,2018.

[2] 李连任 . 蛋鸡生态养殖关键技术 [M]. 郑州：河南科学技术出版社 ,2016.

[3] 李绍钰 . 生猪标准化生态养殖关键技术 [M]. 郑州：中原农民出版社 ,2014.

[4] 李绍钰 . 奶牛标准化生态养殖关键技术 [M]. 郑州：中原农民出版社 ,2014.

[5] 张英杰 . 规模化生态养羊技术 [M]. 北京：中国农业大学出版社 ,2013.

[6] 王松 , 黄昆鹏 , 魏刚才 . 生态养鸭实用新技术 [M]. 郑州：河南科学技术出版社 ,2017.

[7] 董杰 . 生态养殖特色农业与乡村旅游的融合模式研究 [J]. 农业经济 ,2015(11):50-52.

[8] 孟祥海 , 周海川 , 张郁 , 等 . 农牧渔复合生态养殖系统能值分析 [J]. 生态与农村环境学报 ,2016(1):133-142.

[9] 方建光 , 李钟杰 , 蒋增杰 , 等 . 水产生态养殖与新养殖模式发展战略研究 [J]. 中国工程科学 ,2016(3):22-28.

[10] 彭豫东 , 曲湘勇 , 彭灿阳 . 蛋鸡生态养殖的现状及发展前景分析 [J]. 广东饲料 ,2016(8):47-49.

[11] 邬兰娅 , 齐振宏 , 黄炜虹 , 等 . 生猪养殖户生态养殖模式采纳意愿及其影响因素研究 [J]. 农业现代化研究 ,2017(2):284-290.

[12] 戴恒鑫 , 李应森 , 马旭洲 , 等 . 河蟹生态养殖池塘溶解氧分布变化的研究 [J]. 上海海洋大学学报 ,2013(1):66-73.

[13] 左大妮 , 黄赛斌 . 河蟹生态养殖模式经济效益对比分析——以上海崇明为例 [J]. 中国渔业经济 ,2020(1):105-110.

[14] 闫明彬 , 程光起 . 水产生态养殖技术的研究与应用 [J]. 养殖与饲料 ,2020(10):42-43.

[15] 曾维农 . 浅谈生态养殖技术在水产养殖中的应用 [J]. 农业与技术 ,2019(14):141-142.

[16] 尹立鹏 . "鱼菜共生" 生态养殖模式研究 [J]. 乡村科技 ,2019(26):115-116.

[17] 高承芳,刘远,张晓佩,等.福建省"林-草-禽"生态养殖模式的构建 [J].家畜生态学报,2014(10):85-89.

[18] 赵志军.绿色生态养殖技术在淡水养殖中的应用[J].现代农业科技,2020(24):207-208.

[19] 朱建勇.我国生态养殖的发展现状存在问题与对策[J].农业与技术,2015(4):175-176.

[20] 陈岩锋,谢喜平.我国畜禽生态养殖现状与发展对策[J].家畜生态学报,2008(5):110-112.

[21] 刘国祥.对我国水产生态养殖发展几个问题的探讨[J].天津农学院学报,2011(2):44-48.

[22] 李亚宁.畜禽养殖废弃物资源化利用与现代生态养殖模式分析[J].畜牧业环境,2020(12):31.

[23] 刘志奇.生态养殖与畜牧业可持续发展分析[J].今日畜牧兽医,2020(6):54.

[24] 董荣伟,邢娟,张慧,等.生态新盐城视域下畜禽智慧生态养殖发展路径[J].畜禽业,2020(7):43-44.

[25] 廖静.我国畜禽生态养殖发展对策[J].北京农业,2011(36):77-78.

[26] 行浩,杨海明,丁文骏,等.优质鸡生态养殖模式及其技术要点[J].上海畜牧兽医通讯,2015(2):72-73.

[27] 刘山辉.土鸡生态养殖成为养禽业发展趋势[J].中国畜牧兽医文摘,2013(4):30.

[28] 刘从信.水产生态养殖技术与发展模式研究[J].农村经济与科技,2017(2):34-35.

[29] 王勇,裴振华.浅谈山区山羊生态养殖关键技术[J].中国畜禽种业,2017(5):97-98.

[30] 罗贵标.浅谈畜禽现代生态养殖技术的应用[J].中国畜牧兽医文摘,2017(4):22.

[31] 石岗,李尚,冯韶华,等.浅析猪生态养殖的利与弊[J].猪业科学,2019(1):46-47.

[32] 马超.浅谈水产生态养殖技术的应用[J].中外企业家,2019(28):223.

[33] 黄国根.畜禽生态养殖现状与发展对策[J].畜牧兽医科学(电子版),2019(5):159-160.

[34] 葛影影,何国戈,郑经成,等.林下生态养殖模式探讨[J].养殖与饲料,2019(10):1-4.

[35] 高方.生态猪养殖技术及发展趋势[J].农业开发与装备,2019(9):229-23.